# Soufiene Ilahi

## Mecânica dos Pontos Materiais

**Soufiene Ilahi**

# Mecânica dos Pontos Materiais

## Cursos e aplicações

**ScienciaScripts**

**Imprint**

Any brand names and product names mentioned in this book are subject to trademark, brand or patent protection and are trademarks or registered trademarks of their respective holders. The use of brand names, product names, common names, trade names, product descriptions etc. even without a particular marking in this work is in no way to be construed to mean that such names may be regarded as unrestricted in respect of trademark and brand protection legislation and could thus be used by anyone.

Cover image: www.ingimage.com

This book is a translation from the original published under ISBN 978-620-6-72490-2.

Publisher:
Sciencia Scripts
is a trademark of
Dodo Books Indian Ocean Ltd. and OmniScriptum S.R.L publishing group

120 High Road, East Finchley, London, N2 9ED, United Kingdom
Str. Armeneasca 28/1, office 1, Chisinau MD-2012, Republic of Moldova, Europe
Printed at: see last page
ISBN: 978-620-8-26434-5

# Índice

# Introdução geral

A física é o estudo de todos os fenómenos materiais que ocorrem no nosso universo, desde o infinitamente pequeno (escala atómica) até ao infinitamente grande (escala astronómica). Dada a diversidade destes fenómenos, não é surpreendente que alguns deles sejam conhecidos apenas de forma aproximada. Foi graças aos métodos experimentais e à intuição de certos homens de génio que chegámos a uma compreensão notável de certos aspectos fundamentais dos fenómenos naturais. Os domínios em que pensamos ter adquirido um certo domínio são :

A mecânica clássica permite-nos prever com grande precisão os movimentos das diferentes partes do sistema solar e levou à descoberta de novos planetas. As aplicações da mecânica clássica à astronomia são as mais espectaculares.

A mecânica quântica descreve os fenómenos à escala atómica. As leis da mecânica quântica são idênticas às da mecânica clássica, com uma excelente aproximação quando se trabalha em grande escala, ou seja, terrestre ou celeste. A mecânica quântica fornece uma base teórica valiosa para a química, a metalurgia e grande parte da física.

No que diz respeito à mecânica clássica, a ideia de movimento antes de Galileu (1564-1642) era mal compreendida, uma vez que, segundo ARISTOTE, o movimento deve ser mantido por um motor ou vórtice. Foi Galileu quem primeiro teve a ideia de que um motor só é necessário se quisermos alterar o estado de um movimento. Se nada atuar sobre um objeto, este continua em linha reta a uma velocidade constante, daí o primeiro princípio ou princípio da inércia. Para além disso, as leis de Kepler (1571-1630) e Copérnico (1473-1543) descreviam adequadamente o movimento dos planetas. Newton (1642-1727), que chegou um século depois de Galileu, pôde realizar este grande trabalho de síntese, que o levou a unificar a mecânica terrestre de Galileu (queda dos corpos) e a mecânica celeste de Kepler.

# Capítulo I: Cinemática de um ponto material: Descrição e parametrização do movimento de um ponto material

## I. Introdução

A cinemática permite-nos estudar o movimento de um corpo em movimento relativamente a um referencial sem ter em conta as causas que produzem esse movimento. A cinemática também nos permite investigar as trajectórias e as leis temporais do movimento.

## II. Referência s

Os principais sistemas de referência são :

O referencial terrestre definido por um ponto no solo e três eixos. É geralmente utilizado para descrever movimentos de pequena escala.

O referencial geocêntrico é constituído pelo centro da Terra e por três eixos que apontam para estrelas tão afastadas que podem ser consideradas fixas. Este referencial é utilizado, nomeadamente, para descrever o movimento dos satélites.

O referencial heliocêntrico, constituído pelo centro do Sol e por três eixos que apontam para as estrelas. Este quadro de referência é utilizado para descrever os movimentos à escala do sistema solar (planetas e asteróides).

O referencial galileano é um referencial em que se considera que o corpo está em translação rectilínea uniforme. É um referencial não acelerado no qual se verifica o segundo princípio. Para referenciais não galileanos, o aparecimento de outras forças, citando a força de Coriolis, é a força exercida pela rotação da Terra sobre si mesma. $\vec{F} = m\vec{\gamma}$ Será que a Terra, ou mais precisamente o laboratório ligado à Terra, é um bom referencial para a inércia? Se não for, que correção deve ser feita para ter em conta a aceleração do laboratório? Ora, sabemos que a relação P=mg se verifica no laboratório. Por outro lado, sabemos que o laboratório não é um referencial para a inércia porque a Terra gira em torno de si própria com um período de 24 horas e em torno do Sol com um período de um ano. [2]Para assimilar a Terra a um referencial de inércia, basta mostrar que essas acelerações são desprezíveis em relação a g=9,8 m.s

. $\gamma = \dfrac{v^2}{R_T} = \omega^2 R_T$ $^4$ $\gamma = 0.034 m.s^{-2}$ De facto, um corpo em repouso na superfície

da Terra sofre uma aceleração centrípeta com o raio da Terra igual a 6400 Km, T= 1 dia =8,6 10 s portanto . $\gamma = 6$ $10^{-3} m.s^{-2}$ A aceleração da Terra em torno do Sol é .

## III. Conceitos de espaço e de tempo

### 1. Conceito de tempo

Os conceitos de espaço e tempo de Newton derivam destes três princípios. As duas primeiras leis descrevem o movimento de uma partícula em relação a um corpo de referência sem aceleração. Qualquer corpo sem aceleração pode ser utilizado para observar o movimento de outro corpo.

Para descrever o movimento, a posição do corpo em movimento deve ser dada em cada momento. Esta operação é simplesmente a extensão do corpo de referência até estar em contacto com o corpo em movimento. A extensão do corpo de referência é designada *por espaço de referência.* O corpo de referência é chamado de *referência inercial* e o espaço associado a ele é chamado de espaço de referência inercial. O espaço de referência inercial é homogéneo e isotrópico, pelo que é invariante à rotação e à translação. Por esta razão, a escolha dos eixos de referência é arbitrária.

*Invariância por translação:* O espaço é homogéneo, ou seja, não difere de um ponto para outro.

*Invariância por rotação:* o espaço é isotrópico em todas as direcções. O corpo de referência não tem qualquer interação com o corpo em movimento; é utilizado apenas para observar e descrever o corpo em movimento.

### 2. Conceito newtoniano de espaço

Na mecânica newtoniana, o tempo permanece invariante quando nos deslocamos de um sistema inercial de observação para outro. Ao contrário do espaço, que muda, o tempo é o mesmo em todos os referenciais galileanos. Enquanto o espaço é relativo, o tempo é absoluto. Este conceito decorre do terceiro princípio de Newton, o "princípio da ação e reação", porque se assume que os sinais se propagam a uma velocidade infinita.

## IV. Trajetória e posição de um ponto material

### 1. Vetor de posição

A trajetória de um corpo em movimento é a relação geométrica entre as sucessivas posições ocupadas pelo corpo ao longo do tempo relativamente a um referencial escolhido. A trajetória de um corpo em movimento é o conjunto de posições sucessivas que este ocupa ao longo do tempo (ver Figura 1). A trajetória é definida por três funções x (t), y (t) e z (t), que podem ser utilizadas para determinar a equação temporal do movimento

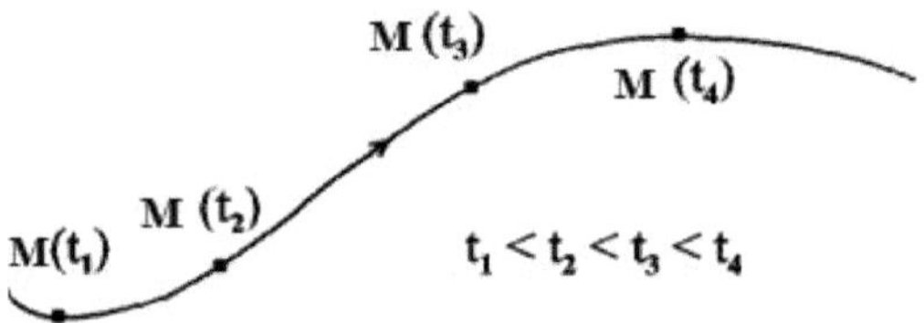


Figura 1.

A posição do ponto material é representada ao longo do tempo pelo vetor

$$\overrightarrow{OM} = \vec{r}(t)$$

### 2. Velocidades e acelerações

A velocidade de um corpo em movimento caracteriza a variação da sua posição ao longo do tempo. 121212Consideremos duas posições do corpo em movimento M e M em dois tempos t e t (t < t ). A expressão para a velocidade média é definida como segue:

$$v_m = \frac{x_2 - x_1}{t_2 - t_1} = \frac{\Delta x}{\Delta t}$$

121212x e x são as coordenadas dos pontos M e M e □x é o deslocamento do ponto móvel no intervalo de tempo [t , t ].

$_{m12}$Note-se que a velocidade constante, v, depende da escolha de t e t e não pode dar a velocidade média num dado tempo t. Por esta razão, definimos a velocidade instantânea no tempo t como :

$$v(t) = \lim_{\Delta t \to 0} \frac{\Delta x}{\Delta t} = \lim_{\Delta t \to 0} \frac{x(t + \Delta t) - x(t)}{\Delta t} = \frac{dx(t)}{dt}$$

A velocidade instantânea de um ponto material é a derivada da sua coordenada x em relação ao tempo t, $v = \dfrac{dx}{dt}$

Para determinar a posição do ponto M num dado instante t, basta calcular o integral, conhecendo a posição no instante t=0

$$x(t) = x(t_0) + \int_{t_0}^{t} v(t')\, dt'$$

Usando o mesmo procedimento que para a velocidade, definimos a aceleração num determinado momento como: $\gamma(t) = \lim_{\Delta t \to 0} \dfrac{v(t + \Delta t) - v(t)}{\Delta t} = \dfrac{dv(t)}{dt}$

## 3. Hodógrafo :

$_{12123}$O hodógrafo de movimento é utilizado para estudar o movimento dos vectores velocidade V , V ,V3 ... relativamente às posições M , M , M .... do ponto material em relação à origem O . A curva (H) obtida ligando todas as extremidades dos vectores velocidade é designada por Hodógrafo. Em resumo, se o movimento do ponto material M descreve a trajetória, as extremidades das velocidades descrevem o hodógrafo do movimento.

## V. Sistemas de coordenadas

## 1. Sistema de coordenadas cartesianas

$\vec{u_x}$, $\vec{u_y}$ et $\vec{u_z}$ $\vec{OM}$ Num referencial ortonormal com eixos Ox, Oy e Oz, e vectores unitários ( ), o vetor posição em coordenadas cartesianas é dado por :

$\vec{OM} = x\vec{i} + y\vec{j} + z\vec{k}$ (ver figura 1 ), o vetor deslocamento elementar é dado por

$d\vec{OM} = \vec{dl} = dx\vec{i} + dy\vec{j} + dz\vec{k}$

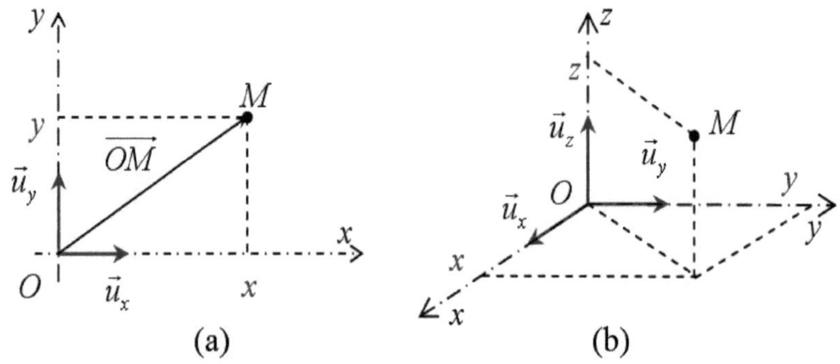

(a)         (b)

Figura 2: Coordenada cartesiana do ponto M

$\left\|\overrightarrow{OM}\right\| = \sqrt{x^2 + y^2 + z^2}$ o módulo do vetor de posição é dado por , o elemento de volume é um pequeno cubo cujo volume é igual a $dv = dxdydz$

O vetor velocidade é sempre tangente à trajetória do movimento, e a sua expressão obtém-se derivando o vetor posição em relação ao tempo :

$$\vec{v} = \frac{d\overrightarrow{OM}}{dt} = \begin{bmatrix} \dot{x} \\ \dot{y} \\ \dot{z} \end{bmatrix} \quad \dot{x} = \frac{dx}{dt} \quad \dot{y} = \frac{dy}{dt} \text{ Note-se que , e } \dot{z} = \frac{dz}{dt}$$

Procedendo da mesma forma, o vetor aceleração é dado pela derivada do vetor velocidade em relação ao tempo :

$$\vec{\gamma} = \frac{d^2\overrightarrow{OM}}{dt^2} = \begin{bmatrix} \ddot{x} \\ \ddot{y} \\ \ddot{z} \end{bmatrix}$$

## 2. Sistema de coordenadas polares

Outro sistema de coordenadas útil, designado por coordenadas polares, descreve um ponto no espaço como um ângulo de rotação em torno da origem e um raio a partir da origem. $\theta\, \overrightarrow{OM}\ \vec{u_x}\ \rho = \left\|\overrightarrow{OM}\right\|\ \vec{u}_\rho$ Um ponto M é marcado pelo ângulo que o vetor raio faz com o vetor e pela distância radial (o raio) transportada pelo vetor .

10

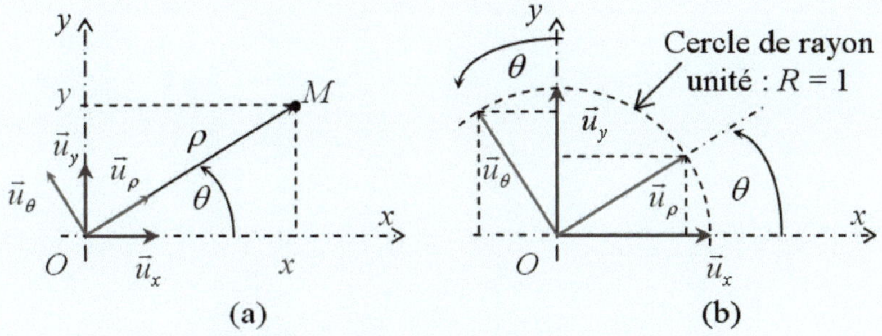

(a)         (b)

**Figura 3**: Coordenada polar do ponto M

$\overrightarrow{OM}$ $d\overrightarrow{OM} = \overrightarrow{dl} = d\rho\vec{u}_\rho + \rho d\theta\vec{u}_\theta$ O vetor pode ser escrito sob esta forma .

$d\overrightarrow{OM} = d\rho\vec{u}_\rho + \rho d\theta\vec{u}_\theta$ Além disso, o vetor de deslocamento elementar . $\dot{\theta} = \dfrac{d\theta}{dt}$

A velocidade angular é definida como . $\overrightarrow{OM}$ Dado que o vetor velocidade é a derivada do vetor em relação ao tempo.

$$\vec{v}(\rho,\theta) = \frac{d\overrightarrow{OM}}{dt} = \frac{d(\rho\vec{u}_\rho)}{dt} = \dot{\rho}\cdot\vec{u}_\rho + \rho\dot{\theta}\cdot\vec{u}_\theta \quad \text{Daí que} \quad . \quad \vec{v} = \vec{v}_r + \vec{v}_\theta \quad \vec{v}_r = \dot{r}\cdot\vec{u}_r$$

$\vec{v}_\theta = r\dot{\theta}\cdot\vec{u}_\theta$ A velocidade tem duas componentes, designadas por velocidade

radial e velocidade <u>ortorradial.</u> $\vec{\gamma} = \dfrac{d\vec{v}}{dt} = \left(\ddot{\rho} - \rho\dot{\theta}^2\right)\cdot\vec{u}_\rho + \left(2\dot{\rho}\dot{\theta} + \rho\ddot{\theta}\right)\cdot\vec{u}_\theta$

Depois de efectuados todos os cálculos, o vetor aceleração em coordenadas

polares é: . $\vec{\gamma} = \vec{\gamma}_\rho + \vec{\gamma}_\theta \quad \vec{\gamma}_\rho = \left(\ddot{\rho} - \rho\dot{\theta}^2\right)\cdot\vec{u}_\rho \quad \vec{\gamma}_\theta = \left(2\dot{\rho}\dot{\theta} + \rho\ddot{\theta}\right)\cdot\vec{u}_\theta$ Note-se que a

aceleração pode ser escrita desta forma com é a aceleração radial e é a aceleração ortorradial.

## 3. Sistema de coordenadas cilíndricas

$(\rho,\theta,z)$ $(\vec{u}_\rho, \vec{u}_\theta, \vec{u}_z)$ O ponto M é marcado pelos parâmetros na base

cilíndrica, como mostra a figura 4.

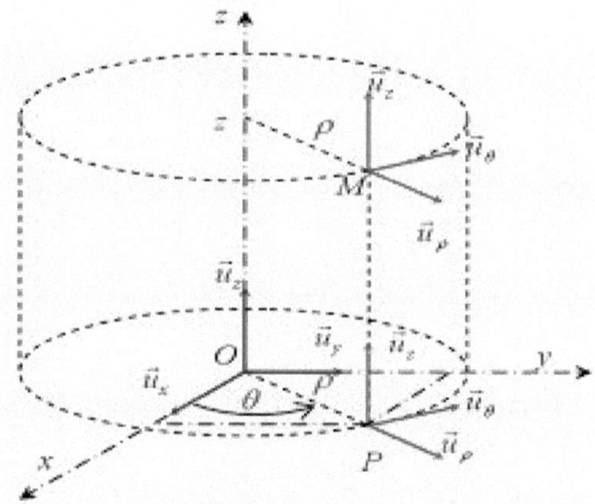

**Figura 4**: Diagrama de coordenadas cilíndricas do ponto M

$\vec{OM}$ $\vec{OM} = \rho\vec{u}_\rho + z\vec{k}$ $\vec{dl} = d\vec{OM} = d\rho\vec{u}_\rho + \rho d\theta\vec{u}_\theta + dz\vec{k}$ O vetor posição é escrito como: , o vetor deslocamento elementar associado é: .

$\vec{v} = \dfrac{d\vec{OM}}{dt} = \dfrac{\vec{dl}}{dt} = \dot{\rho}\cdot\vec{u}_\rho + \rho\dot{\theta}\cdot\vec{u}_\theta + \dot{z}\vec{k}$ O vetor velocidade também pode ser

deduzido. $\vec{\gamma} = \dfrac{d\vec{v}}{dt} = \left(\ddot{\rho} - \rho\dot{\theta}^2\right)\cdot\vec{u}_\rho + \left(2\dot{\rho}\dot{\theta} + \rho\ddot{\theta}\right)\cdot\vec{u}_\theta + \ddot{z}\vec{k}$ Assim, a aceleração em

coordenadas cilíndricas é dada por esta expressão: .

***Nota***:

$\vec{u}_\rho\ \vec{u}_\theta\ \vec{u}_z\ \vec{u}_x\ \vec{u}_y\ \vec{u}_z$ Projectando os vectores , , , na base ( , , , ) (ver figura 3(a)) obtém-se

$$\begin{cases} \vec{u}_\rho = \sin\theta\,\vec{u}_x + \sin\theta\,\vec{u}_y \\ \vec{u}_\theta = -\sin\theta\,\vec{u}_x - \sin\theta\,\vec{u}_y \end{cases} \text{notamos que} \begin{cases} \dfrac{d\vec{u}_\rho}{dt} = \dfrac{d\vec{u}_\rho}{d\theta}\cdot\dfrac{d\theta}{dt} = \dot{\theta}\vec{u}_\theta \\ \dfrac{d\vec{u}_\theta}{dt} = \dfrac{d\vec{u}_\theta}{dt}\cdot\dfrac{d\theta}{dt} = -\dot{\theta}\vec{u}_\rho \end{cases}$$

$\dfrac{d\vec{u}_\rho}{dt} = \dot{\theta}\vec{u}_\theta$ Por conseguinte, podemos escrever que e $\dfrac{d\vec{u}_\theta}{dt} = -\dot{\theta}\vec{u}_\rho$

$(\rho, \theta, z)$ Além disso, as coordenadas cilíndricas/polares estão ligadas às coordenadas cartesianas pelas relações seguintes:

$$\begin{cases} x = \rho\cos\theta \\ y = \rho\sin\theta \\ z = z, \theta, z) \end{cases} \text{Þ} \begin{cases} \rho = \sqrt{x^2 + y^2} \\ \theta = \arctan(\dfrac{y}{x}) \\ z = z \end{cases}$$

## 4. Sistema de coordenadas esféricas

O sistema de coordenadas esféricas (Figura 5) é utilizado para localizar um ponto material numa esfera de raio r, utilizando o exemplo da localização de um ponto material num planeta (a Terra, por exemplo). $(r, \theta, \varphi)$ $(\vec{u}_r, \vec{u}_\theta, \vec{u}_\varphi)$ Os parâmetros e a base associados ao sistema de coordenadas esféricas são e , respetivamente.

-O raio r é a distância entre o ponto M e o centro da esfera.

$\theta \in [0, \pi]$ $\overrightarrow{OM}$ - é o ângulo formado com o eixo OZ

$\varphi \in [0, 2\pi]$ $\overrightarrow{OM}$ - é o ângulo longitudinal entre o plano formado pelo vetor e o eixo OZ.

$\overrightarrow{OM} = r\vec{u}_r$ O vetor de posição , o vetor de deslocamento elementar

$$\overrightarrow{dl} = dr\vec{u}_r + rd\theta\vec{u}_\theta + r\sin\theta d\varphi\vec{u}_\varphi \; .$$

$$\vec{v} = \frac{d\overrightarrow{OM}}{dt} = \frac{\overrightarrow{dl}}{dt} = \dot{r}\vec{u}_r + r\dot{\theta}\vec{u}_\theta + r\sin\theta\dot{\varphi}\vec{u}_\varphi \;\; \text{O vetor velocidade é igual a .}$$

O vetor de aceleração é obtido derivando o vetor de velocidade p/p no tempo.

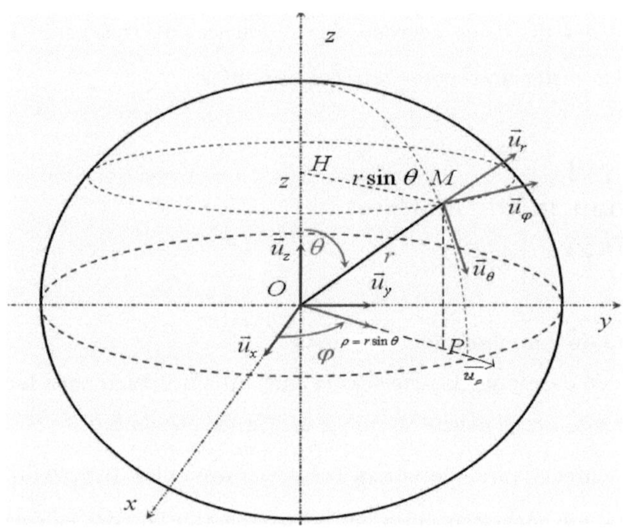



**Figura 4**: Diagrama representativo das coordenadas esféricas do ponto M

### Aplicação:

(r,θ,φ) *1-Expressar* as coordenadas esféricas do ponto M em termos de coordenadas cartesianas (x, y, z)

$(\vec{u}_r, \vec{u}_\theta, \vec{u}_\varphi)$ $\vec{u}_x$ $\vec{u}_y$ $\vec{u}_z$ *2-* Exprimir os vectores em função de ( , , )

### Resposta:

*1.* $\overrightarrow{OM} = x\overrightarrow{u_x} + y\overrightarrow{u_y} + z\overrightarrow{u_z}$ Em coordenadas cartesianas, o vetor de posição é .

$z = r\cos\theta$ A projeção do raio r sobre o eixo z dá: . $\vec{u}_x$ $\vec{u}_y$ $OP = \rho$ A projeção do ponto M sobre o plano formado pelos vectores ( , ) designa-se por P. A projeção de sobre os eixos x e y dá : $x = \rho\cos\varphi$ $y = \rho\sin\varphi$, . $OP = \rho = r\sin\theta$ A

distância . $\begin{cases} z = r\cos\theta \\ x = r\sin\theta\cos\varphi \\ y = r\sin\theta\sin\varphi \end{cases}$ Obtemos: deduzimos que : $\begin{cases} r = \sqrt{x^2 + y^2 + z^2} \\ tg\theta = \dfrac{\varphi}{z} \\ tg\varphi = \dfrac{y}{x} \end{cases}$

**2.** $(\vec{u}_r,\vec{u}_\theta,\vec{u}_\varphi)$ $\vec{u}_x$ $\vec{u}_y$ $\vec{u}_z$ $\vec{u}_r,\vec{u}_\theta$ $\vec{u}_\rho,\vec{u}_z$ Para expressar como uma função de ( , , , ), primeiro projecte na base , e obtenha :

$$\begin{cases} \vec{u}_r = \sin\theta\,\vec{u}_\rho + \cos\theta\,\vec{u}_z \\ \vec{u}_\theta = \cos\theta\,\vec{u}_\rho - \sin\theta\,\vec{u}_z \end{cases} \quad \vec{u}_\rho\ \vec{u}_\varphi\ \ \vec{u}_x\ \vec{u}_y \quad \text{D e seguida, expressamos e em função de ,}$$

, e obtemos : $\begin{cases} \vec{u}_\rho = \cos\varphi\,\vec{u}_x + \sin\varphi\,\vec{u}_y \\ \vec{u}_\varphi = -\sin\varphi\,\vec{u}_x + \cos\varphi\,\vec{u}_y \end{cases}$ $\vec{u}_\rho$ $\vec{u}_r,\vec{u}_\theta$ substituindo a expressão nas

$$\text{expressões para :} \quad \begin{cases} \vec{u}_r = \sin\theta(\cos\varphi\,\vec{u}_x + \sin\varphi\,\vec{u}_y) + \cos\theta\,\vec{u}_z \\ \vec{u}_\theta = \cos\theta(\cos\varphi\,\vec{u}_x + \sin\varphi\,\vec{u}_y) - \sin\theta\,\vec{u}_z \\ \vec{u}_\varphi = -\sin\varphi\,\vec{u}_x + \cos\varphi\,\vec{u}_y \end{cases}$$

## 5. Velocidade angular

$\omega$ A velocidade angular é definida como o ângulo dividido pelo tempo. $\omega = \dfrac{2\pi}{T}$

$d\theta$ $dt$ $\omega = \dfrac{d\theta}{dt} = \dot\theta$ Por exemplo, se fizermos uma volta completa , para um deslocamento de durante , a velocidade angular é igual a . $\gamma = \dfrac{d\omega}{dt} = \ddot\theta$ A aceleração angular é . Por outro lado, a velocidade é obtida dividindo a distância percorrida pelo tempo decorrido entre o estado inicial e o estado final. $d\theta$ $dt$ $R.d\theta$ $v = \dfrac{d\theta.R}{dt} = \omega.R$ Para um deslocamento elementar de , a distância percorrida é , pelo que a velocidade é .

## 6. Sistema de coordenadas curvilíneas "Serret-Frenet

$(\vec{T},\vec{N},\vec{B})$ O movimento local do ponto M que descreve uma curva qualquer pode ser identificado pela base de Serret-Frenet . Os vectores desta base formam um triedro direto (ver figura). $(\vec{T} \wedge \vec{N} = \vec{B}, \vec{N} \wedge \vec{B} = \vec{T}, \vec{B} \wedge \vec{T} = \vec{N})$ $\vec{T} = \dfrac{\vec{v}}{\|\vec{v}\|}$ $\vec{N}$ Isto

dá: O vetor tangencial .dado que o vetor normal é igual a $\vec{N} = \dfrac{\dfrac{d\vec{T}}{dt}}{\left\| d\vec{T} / dt \right\|}$

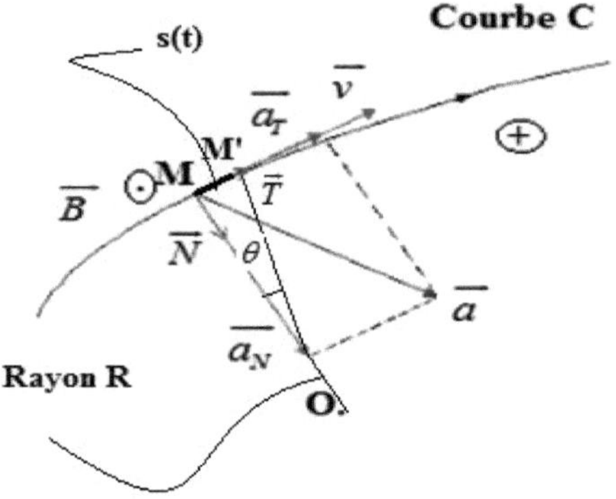


**Figura 5**. Sistema de coordenadas curvilíneas

$\overrightarrow{OM}\ \vec{s}(t)$A posição do ponto M é dada pelo vetor posição ou pela abcissa curvilínea definida como uma variação algébrica do comprimento de um arco.

$\vec{v} = \dfrac{ds}{dt}\vec{T}$ A expressão da aceleração pode ser deduzida derivando a velocidade em função do tempo.

$$\vec{a} = \frac{d\vec{v}}{dt} = \frac{d}{dt}\left[\frac{ds}{dt}.\vec{T}\right] = \frac{d^2s}{dt^2}.\vec{T} + \frac{ds}{dt}.\frac{d\vec{T}}{dt} \qquad . \qquad \frac{d\vec{T}}{dt} = \frac{d\vec{T}}{d\theta}.\frac{d\theta}{dt} = \frac{V}{R}.\vec{N} \qquad \frac{d\theta}{dt} = \omega = \frac{v}{R}$$ Sabendo disso e

$\dfrac{d\vec{T}}{d\theta} = \vec{N}$ . Por isso : $\vec{a} = \dfrac{dv}{dt}.\vec{T} + \dfrac{ds}{dt}.\dfrac{v}{R}.\vec{N} = \dfrac{dv}{dt}.\vec{T} + \dfrac{v^2}{R}.\vec{N} = a_T.\vec{T} + a_N.\vec{N}$

$\vec{a_T} = \dfrac{dv}{dt}.\vec{T}$ $\vec{a_N} = \dfrac{v^2}{R}.\vec{N}$ Note-se que o vetor de aceleração é composto por dois vectores: o vetor de aceleração tangencial e o vetor de aceleração normal.

## -*Raio de curvatura*

O raio de curvatura R pode ser deduzido por vários métodos. $\omega = \dfrac{d\theta}{dt} = \dfrac{v}{R}\dfrac{ds}{dt} = v$

$\dfrac{d\theta}{dt} = \dot{\theta} = \dfrac{d\theta}{ds}\cdot\dfrac{ds}{dt} = \dfrac{v}{R}$ Sabemos que e e temos: . $R = \dfrac{ds}{d\theta}$ Por identificação .

Além disso, dispomos de :

$\dfrac{d\vec{T}}{ds} = \dfrac{d\vec{T}}{dt}\cdot\dfrac{dt}{ds} = \dfrac{1}{v}\cdot\dfrac{d\vec{T}}{d\theta}\cdot\dfrac{d\theta}{dt} = \dfrac{1}{v}\cdot\dfrac{v}{R}\cdot\overline{N} = \dfrac{\overline{N}}{R}$ . $\dfrac{d\vec{T}}{ds} = \dfrac{\overline{N}}{R}$ Por conseguinte

## 7. Exemplos de alguns movimentos uniformes

Diz-se que um movimento é uniforme quando o módulo da sua velocidade é constante.

### a. Movimento retilíneo uniforme :

$$a_T = \frac{dv}{dt} = 0 \Rightarrow dv = a_0 dt$$

$$v = \frac{dx}{dt} = v_0 = cte \Rightarrow dx = v_0 dt$$

$$\int_{x_0}^{x} dx = v_0 \int_{t_0}^{t} dt \rightarrow (x - x_0) = v_0(t - t_0)$$

### b. Movimento uniformemente variado :

Diz-se que o movimento é uniformemente variado quando a aceleração tangencial é uma constante. É acelerado se o módulo da velocidade aumenta em função do tempo. Caso contrário, diz-se que o movimento é uniformemente retardado.

$$a_T = \frac{dv}{dt} = a_0 = cte \Rightarrow dv = a_0 dt$$

$$vdv = va_0 dt \Rightarrow \frac{1}{2}(v^2 - v_0^2) = a_0(x - x_0)$$

$$(v^2 - v_0^2) = 2a_0(x - x_0)$$

$\vec{v}\ \overline{a_0}$ se e são do mesmo sinal, o movimento é uniformemente acelerado, caso contrário é retardado. $(\vec{v}.\overline{a_T}) \succ 0$ $(\vec{v}.\overline{a_T}) \prec 0$ Em alternativa, podemos escrever que se o movimento for uniformemente acelerado e se , diz-se que é uniformemente retardado.

c. Movimento circular uniforme :

$$\omega = \frac{v}{R} = cte \quad \overrightarrow{a_T} = \vec{0} \quad a_N = \frac{v^2}{R} = cte$$ No caso do movimento circular uniforme, a velocidade é constante (v=cte), pelo que , e .

# Capítulo II: Dinâmica do ponto material

## I. Introdução

A dinâmica é o estudo do movimento de um ponto material em relação a um quadro de referência, tendo em conta todas as causas que produzem esse movimento.

## II. Quantidade de movimento de um ponto material

### 1. Centro de massa

$$_{12N12N}\overrightarrow{OG_m} = \frac{\sum_{i=1}^{N} m_i \overrightarrow{OA_i}}{\sum_{i=1}^{N} m_i}$$ Dado um sistema de N partículas A , A 2A de massas

respetivamente m , m ....m , o vetor posição do centro de massa em relação a um referencial galileano R com origem O é: .

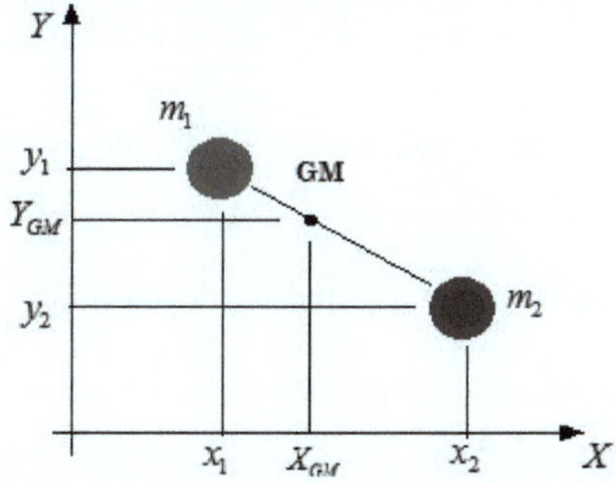


O centro de massa é, em princípio, diferente do centro de gravidade, porque o centro de gravidade é o ponto de aplicação da resultante das forças gravitacionais, e se tivermos um corpo no espaço longe de todas as outras estrelas, não podemos falar de um centro de gravidade.

### 2. Quantidade de movimento:

$\overrightarrow{p} = m\overrightarrow{v_1}\,_{12}\overrightarrow{v_1}\,\overrightarrow{v_2}$ O momento , se tomarmos duas partículas de massa m e m e velocidades e , o momento do sistema será :

$$\vec{p} = \vec{p_1} + \vec{p_2} = m_1\vec{v_1} + m_2\vec{v_2} \Rightarrow$$

$$\vec{p} = m_1\frac{d\overrightarrow{OM_1}}{dt} + m_2\frac{d\overrightarrow{OM_2}}{dt} = \frac{d}{dt}(m_1\overrightarrow{OM_1} + m_2\overrightarrow{OM_2}) = \frac{d((m_1+m_2)\overrightarrow{OG})}{dt} \quad m = m_1 + m_2 \ U$$

tilizando a relação do centro de massa para o caso de duas partículas,

assumiremos que . $\vec{p} = \dfrac{d(m\overrightarrow{OG})}{dt} = m\overrightarrow{V_G}$ O momento passa a ser: . Em conclusão,

podemos ver que o momento do sistema é igual ao momento do centro de massa no qual toda a massa está concentrada.

### III. As três leis do movimento

### 1. Primeira lei ou princípio da inércia

Se um corpo não estiver sujeito a uma força, então a sua velocidade é constante: ou o corpo está em repouso (velocidade zero) ou está a mover-se em linha reta com uma velocidade constante (velocidade diferente de zero).

### 2. Segunda lei ou princípio fundamental da dinâmica

Num referencial inercial, a variação da velocidade de um ponto material é

proporcional à força que lhe é aplicada, ou seja, : $\ m\dfrac{d\vec{v}}{dt} = \vec{F}$

$\vec{\gamma} = \dfrac{\vec{F}}{m}$ Outra forma de enunciar a 2ª lei: Num referencial de inércia, quando uma força é exercida sobre um ponto material de massa m, a aceleração do movimento é dada pela relação: . Esta relação mostra que, para uma força de intensidade dada, quanto maior for a massa do objeto, maior será a aceleração que ela provoca. É por isso que se chama massa de inércia, pois caracteriza a resistência do objeto ao movimento.

$\vec{F} = \vec{0} \longrightarrow \vec{v} = Cte$ Note-se que a 2ª lei engloba a 1ª lei ou princípio da inércia, uma vez que, quando . O princípio da inércia é enunciado em primeiro lugar para definir o referencial de inércia ou referencial galileano.

### 3 Terceira lei ou princípio de ação e reação

A relação fundamental é suficiente para descrever o movimento de uma partícula nestes campos de forças, mas quando queremos descrever um sistema com várias partículas, precisamos de um princípio adicional, que é o princípio da ação e reação. $\vec{F}_{1/2}$ $\vec{F}_{2/1}$ $\vec{F}_{2/1} = -\vec{F}_{1/2}$ Dadas duas partículas (1) e (2) e sendo e respetivamente as forças exercidas pelas partículas (2) sobre (1) e (1) sobre (2), o princípio pode ser enunciado da seguinte forma

## 4. Comentários sobre os três princípios

A primeira lei é um pouco ambígua, pois como podemos saber que nenhuma força actua sobre um corpo? De facto, as forças actuam não só por contacto mas também por influência, como a força da gravidade ou a força eletrostática. Precisamos de um referencial de inércia em relação ao qual possamos medir as acelerações. $1/r^2$ Felizmente, esta dificuldade pode ser ultrapassada porque sabemos que as forças entre dois corpos diminuem muito rapidamente quando a distância que os separa aumenta. As forças diminuem pelo menos em . $^{-2-2}$Os corpos à superfície da Terra são atraídos para o centro da Terra com uma aceleração de 9,8 m.s , são atraídos por outros astros, por exemplo o Sol, com uma aceleração de 0,006 m.s , que é desprezável quando comparada com a aceleração da Terra. Podemos dizer, com uma boa aproximação, que um corpo muito afastado de todos os outros corpos não tem qualquer força exercida sobre ele e, portanto, não tem aceleração.

[26]Uma estrela está geralmente a uma distância de 10 m da sua vizinha mais próxima, pelo que se pode assumir que não estão a ser aceleradas. É por esta razão que Copérnico escolheu o referencial absoluto com as três estrelas que considerava fixas. Uma vez definido o referencial inercial, é possível verificar o segundo princípio.

Terceiro princípio: há limites para a validade do terceiro princípio porque todas as forças e sinais têm uma velocidade de propagação finita.

Se uma força actua sobre um corpo, produz uma aceleração do corpo na direção da força. Esta aceleração é proporcional à intensidade da força e inversamente proporcional à massa. A massa, conhecida como massa inercial, opõe-se ao movimento e é uma propriedade de um corpo em movimento. Depende do espaço-tempo. A massa gravitacional, por outro lado, é uma propriedade interna da matéria que é independente do espaço-tempo, tal como a carga eléctrica. No entanto, a experiência mostra que as massas inercial e gravitacional de um mesmo corpo são iguais.

## 5. Momento angular

### *a. Definição*

$\vec{P}$ O momento angular de um ponto material M de massa m e momento em relação a um ponto O é, por definição, :

$$\frac{d\vec{\sigma_0}}{dt} = \overline{OM} \wedge \vec{p} + \overline{OM} \wedge \frac{d\vec{p}}{dt}$$ $\overline{OM}$ sendo o vetor de posição no ponto material em relação ao referencial de centro O

$\overline{OM}$ - O momento angular é, portanto, um vetor perpendicular ao plano formado pelo vetor posição e pelo vetor momento $\vec{p}$

- Para o movimento de translação rectilínea em que o vetor posição e o vetor momento são paralelos, temos : $\vec{\sigma_0} = \vec{0}$

- O momento angular descreve principalmente o movimento de rotação

### *b. O teorema do momento angular*

Derivação do momento angular em função do tempo :

$$\frac{d\vec{\sigma_0}}{dt} = \frac{d\overline{OM}}{dt} \wedge \vec{p} + \overline{OM} \wedge \frac{d\vec{p}}{dt}$$

Sabendo que $(\frac{d\overline{OM}}{dt} \wedge \vec{p} = \vec{0}) \Rightarrow \frac{d\vec{\sigma_0}}{dt} = \overline{OM} \wedge \frac{d\vec{p}}{dt} = \overline{OM} \wedge \sum \vec{F}_{ext}$

$\vec{F}$ $\overrightarrow{M_{/0}}(\vec{F}) = \overline{OM} \wedge \vec{F}$ O momento de uma força é: então $\Rightarrow \dfrac{d\vec{\sigma_0}}{dt} = \sum_i \overrightarrow{M_{/0}}(\overrightarrow{F_{iext}})$

*Declaração:* A derivada do momento angular em relação ao ponto O é igual à resultante dos momentos das forças externas em relação ao ponto O.

## IV. As forças

Uma força é uma interação que altera ou tende a alterar o tamanho ou a forma, ou o estado de repouso ou de movimento do corpo. A força também pode ser descrita intuitivamente como empurrar ou puxar. A unidade de força no sistema internacional é Kg.m.s-2 ou N (Newton).

Uma força que actua sobre um objeto sem entrar fisicamente em contacto com ele é designada por força sem contacto. O exemplo mais conhecido de uma força sem contacto é o peso. Por outro lado, uma força de contacto é uma força aplicada a um corpo por outro corpo que está em contacto com ele. Do ponto de vista da aplicação, existem dois tipos de força: as forças de contacto e as forças de distância (sem contacto).

## 1. Forças de contacto

As forças que actuam sobre os corpos quando estes estão em contacto físico são designadas por forças de contacto.

### *a. Força de atrito :*

Quando um corpo desliza (ou rola) sobre uma superfície rugosa, começa a atuar sobre ele uma força em sentido contrário ao seu movimento, paralela à superfície em contacto. Esta força é designada por atrito.

### *b. Força de reação normal :*

Quando um corpo é colocado numa superfície, o corpo exerce uma força igual ao seu peso, mas o corpo não se move ou cai porque a superfície exerce uma força igual e oposta sobre o corpo perpendicular à superfície. Esta força é designada por força de reação normal.

### *c. Força de tensão :*

Quando um corpo é suspenso por uma corda, o corpo, devido ao seu peso W, puxa a corda verticalmente para baixo e a corda esticada puxa o corpo para cima por uma força que equilibra o peso do corpo. Esta força é designada por força de tração (T).

### *d. Força da mola :*

Se uma extremidade de uma mola é mantida imóvel e a outra extremidade é diretamente proporcional ao seu deslocamento e é exercida numa direção oposta à direção do deslocamento.

### *e. Impulso de Arquimedes*

$F_A = \rho_{fluide} \cdot V_i \cdot g = P - P_{app}$ O princípio da flutuabilidade de Arquimedes estabelece que qualquer corpo imerso total ou parcialmente num fluido em repouso está sujeito a uma força vertical denominada força de flutuabilidade de Arquimedes, dirigida de baixo para cima e oposta ao peso do volume de fluido deslocado . $_A{}^{332}{}_{app}$Dado que F , $_{\rho fluido}$ , Vi e g são a força de Arquimedes em N, a densidade do fluido em kg/m , o volume imerso do corpo em m , a gravidade em N/kg (ou a aceleração da gravidade em [m/s ]), P e P representam o peso do corpo e o peso aparente do **corpo**.

## 2. Forças remotas (sem contacto) :

As forças experimentadas por corpos que não se tocam fisicamente são chamadas forças sem contacto ou forças à distância.

### *a. Força gravitacional :*

A gravitação é a atração mútua entre dois corpos de massas diferentes. No Universo, todas as partículas se atraem umas às outras devido à sua massa.

$$\vec{F_G} = \frac{G.M_1.M_2}{r^2} \vec{u}_{r_{12}}$$ $^{-112-2}$em que G é a constante gravitacional igual a $6,67 \times 10$

N m kg . $_{12}$M e M são as duas massas e r é a distância entre elas.

### *b. Força eletrostática :*

Duas cargas idênticas repelem-se e duas cargas diferentes atraem-se. A força entre estas cargas é designada por força eletrostática. $\vec{F_e} = q.\vec{E}$ $\vec{E}$ Onde q e representam a carga e o campo eletrostático, respetivamente.

### *c. Força magnética :*

Uma vez que dois pólos magnéticos se repelem e dois pólos magnéticos se atraem, a força entre estes pólos magnéticos é designada por força magnética. $\vec{F_m} = q.(\vec{v} \wedge \vec{B})$ $\vec{v}$ $\vec{B}$ q, e representam, respetivamente, a carga, a velocidade e o campo magnético.

### *RQ: Caraterísticas gerais das forças sem contacto :*

A força gravitacional é sempre atractiva, enquanto as forças electrostáticas e magnéticas podem ser atractivas ou repulsivas.

## 3. Bases de projeção de forças

É necessário expressar a equação dinâmica utilizando uma base de projeção.

### a. Base cartesiana

$\overrightarrow{u_x}$, $\overrightarrow{u_y}$et $\overrightarrow{u_z}$  N a base cartesiana formada por ( ).  $\vec{F}$ $\overrightarrow{OM}$ $\overrightarrow{OM} = x\vec{i} + y\vec{j} + z\vec{k}$

$\vec{v} = \dot{x}\vec{i} + \dot{y}\vec{j} + \dot{z}\vec{k}$  $\vec{\gamma} = \dfrac{d^2\overrightarrow{OM}}{dt^2} = \begin{bmatrix} \ddot{x} \\ \ddot{y} \\ \ddot{z} \end{bmatrix}$ Consideremos a resultante das forças que

actuam sobre um ponto material marcado pelo vetor posição , Os vectores

velocidade e aceleração são: e . $m\vec{\gamma} = \vec{F}$ $\overrightarrow{u_x}$, $\overrightarrow{u_y}$et $\overrightarrow{u_z}$ $m\begin{bmatrix} \ddot{x} \\ \ddot{y} \\ \ddot{z} \end{bmatrix} = \begin{bmatrix} F_x \\ F_y \\ F_z \end{bmatrix}$ De acordo com

o RFD temos: a partir do qual, após projetar as forças sobre a base ( ), obtemos estas equações que formam um sistema de equações diferenciais.

### a. Base cilíndrica

$(\vec{u}_\rho, \vec{u}_\theta, \vec{u}_z)$ $\vec{u}_\rho, \vec{u}_\theta$ A força é projectada sobre a base cilíndrica (polar ( ) ) da

mesma forma.  $m\vec{\gamma} = \vec{F}$ $\vec{\gamma} = \dfrac{d\vec{v}}{dt} = \left(\ddot{\rho} - \rho\dot{\theta}^2\right)\cdot\vec{u}_\rho + \left(2\dot{\rho}\dot{\theta} + \rho\ddot{\theta}\right)\cdot\vec{u}_\theta + \ddot{z}\vec{k}$ De acordo com o

RFD, temos , Sabendo que o vetor aceleração em coordenada cilíndrica é: .

$$m\begin{bmatrix} \ddot{\rho} - \rho\dot{\theta}^2 \\ 2\dot{\rho}\dot{\theta} + \rho\ddot{\theta} \\ \ddot{z} \end{bmatrix} = \begin{bmatrix} F_\rho \\ F_\theta \\ F_z \end{bmatrix}$$ O resultado é: .

*Nota*: O procedimento de projeção é exatamente o mesmo para as outras bases esféricas e para a base de Serret Frenet.

## IV. Aplicações

## 1. Pêndulo simples

Num referencial galileano, considere um pêndulo simples constituído por um fio de comprimento $L$ (de massa desprezável) ao qual está ligada uma massa $m$ (ver figura). No instante $t = 0$, a massa $m$ é afastada por um ângulo $\theta$ e libertada sem qualquer velocidade inicial.

$\overline{OM}$ $R = \rho = cte$ 1) Determinar o vetor de posição ( )

2) Determinar o vetor de posição $\vec{v}(M)$

3) Determinar o vetor de aceleração $\vec{\gamma}(M)$

4) Quais são as forças que actuam sobre a massa m?

5) Encontre a equação diferencial do movimento para pequenas oscilações.

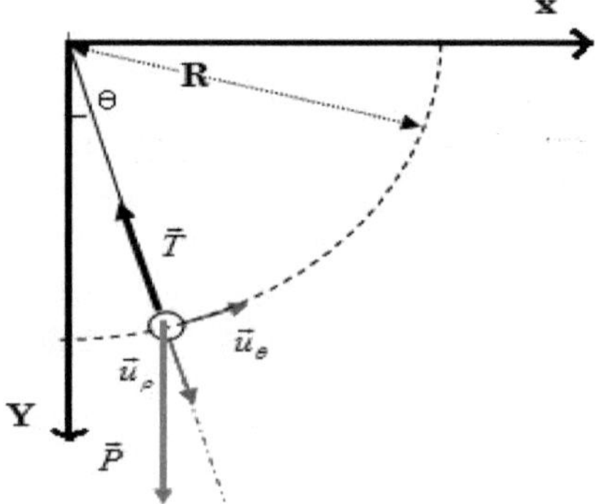


<u>*Resposta*</u>

A base mais adequada é a base polar

1. O vetor de posição $\overrightarrow{OM} = R\vec{u}_\rho$

2. $\vec{v}(M) = \dfrac{d\overline{OM}}{dt} = R\dot{\theta}\vec{u}_\theta$ $R = \rho = cte \rightarrow \dot{\rho} = 0$ O vetor de velocidade ( )

3. O vetor de aceleração em coordenadas polares : $\vec{\gamma} = \left(-\rho\dot{\theta}^2\right)\vec{u}_\rho + \left(\rho\ddot{\theta}\right)\vec{u}_\theta$

4. As forças que actuam sobre a massa m são :

-La Tension du fils : $\vec{T} = -T \cdot \vec{u}_\rho$

$\vec{P}$ A força do peso . $\vec{P}$ Projectando sobre a base polar obtém-se ;

$$\vec{P} = mg\cos\theta\cdot\vec{u}_{\rho} - mg\sin\theta\cdot\vec{u}_{\theta}$$

5. Aplicando a relação fundamental da dinâmica :

$$m\vec{\gamma} = \sum\vec{F} \to \vec{P}+\vec{T} = m\vec{\gamma} \quad . \quad \vec{u}_{\rho},\vec{u}_{\theta}\,\text{A projeção das forças e do vetor aceleração}$$

na base ( ) dá :

$$\begin{cases} mg\cos\theta - T = -mR\dot{\theta}^2 & (1) \\ -mg\sin\theta = mR\ddot{\theta} & (2) \end{cases}$$

$\sin\theta \square\ \theta\ \ddot{\theta} + \dfrac{g}{R}\theta = 0\,$ Para pequenas oscilações , a equação (2) dá a equação

diferencial do movimento . $\quad \theta(t) = A\sin(\omega t + \varphi)\ \omega^2 = \dfrac{g}{R}\ \varphi$

$$\left.\begin{cases} \theta(t=0) = A\sin(\varphi) = \theta_0 \\ \dot{\theta}(t=0) = A\,\omega\cos(\varphi) = 0 \end{cases}\right\} A = \theta_0\ et\ \varphi = \dfrac{\pi}{2}\,\text{A solução desta equação tem a forma , e}$$

A e são duas constantes a determinar a partir das condições iniciais . Assim

$$\theta(t) = \theta_0 \sin\!\left(\omega t + \dfrac{\pi}{2}\right)$$

## 2. Impulso arquimediano

Um cubo de gelo cilíndrico (altura h=3 cm, raio R= 1cm, temperatura 0°C) flutua na superfície da água a 0°C (**Figura 3**). A altura acima da superfície é designada por "a".

1) Quais são as forças que actuam sobre o cubo de gelo?
2) Determinar a distância a.
3) Que força tem de ser exercida verticalmente com a extremidade de uma palhinha para manter este cubo de gelo imediatamente abaixo da água?
4) O cubo de gelo é libertado. Mostre que o cubo de gelo realiza oscilações cujo período pode ser determinado

Dados: densidade da água e do gelo a 0°C : $\rho_e = 10^3\ Kg.m^{-3}$ e $\rho_c = 0.92\ 10^3\ Kg.m^{-3}$

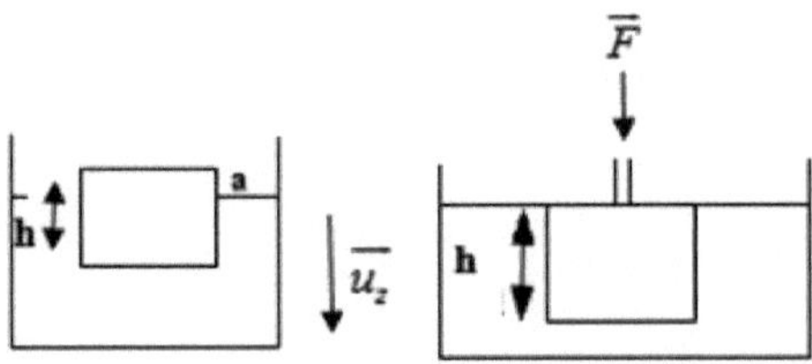



*Resposta:*

1) As forças que actuam sobre o cubo de gelo são: a força do seu peso e a flutuabilidade de Arquimedes.

$$\begin{cases} \overrightarrow{P} = \rho_c \pi h R^2 g \overrightarrow{u_z} \\ \overrightarrow{F_a} = -\rho_e \pi R^2 (h-a) g \overrightarrow{u_z} \end{cases}$$

2. No equilíbrio, temos $\overrightarrow{P} + \overrightarrow{F_a} = 0$

$$\overrightarrow{P} + \overrightarrow{F_a} = 0 \rightarrow \qquad\qquad \rho_c \pi h R^2 g \overrightarrow{u_z} - \rho_e \pi R^2 (h-a) g \overrightarrow{u_z} = 0 \rightarrow$$

$$1 - \frac{a}{h} = \frac{\rho_c}{\rho_e} \Rightarrow \frac{a}{h} = 0.08 \Rightarrow a = 2.4mm$$

3. As forças são :

O poder do peso $\overrightarrow{P} = \rho_c \pi h R^2 g \overrightarrow{u_z}$

-Trama de Arquimedes $\overrightarrow{F_a} = -\rho_e \pi R^2 h g \overrightarrow{u_z}$

Força aplicada pela palhinha $\overrightarrow{F} = F \overrightarrow{u_z}$

$m_c \overrightarrow{a} = \sum \overrightarrow{F}$ Aplicando a relação fundamental da dinâmica : $\overrightarrow{F_p} + \overrightarrow{F_a} + \overrightarrow{P} = m_c \overrightarrow{a}$

$$\overrightarrow{F_p} + \overrightarrow{F_a} + \overrightarrow{P} = 0 \rightarrow F_p = \pi R^2 h g (\rho_e - \rho_c) \quad F_p = 7.5.10^{-3} N \text{ No equilíbrio A.N .}$$

4. $\overrightarrow{F_a} = -\rho_e \pi R^2 z g \overrightarrow{u_z}$ Depois de o cubo de gelo ser libertado, a força de Arquimedes passa a ser .z a uma profundidade qualquer. A força peso é :
$\overrightarrow{P} = \rho_c \pi h R^2 g \overrightarrow{u_z}$

Ao aplicar o RFD : $\overrightarrow{F_a} + \overrightarrow{P} = m_c \overrightarrow{a} \rightarrow -\rho_e \pi R^2 z g \overrightarrow{u_z} + \rho_c \pi h R^2 g \overrightarrow{u_z} = m \ddot{z} \overrightarrow{u_z}$

$$\ddot{z} + \frac{\rho_e g}{\rho_c h} z2 = g \rightarrow \ddot{z} + \omega_0^2 z = g \quad \omega_0 = \sqrt{\frac{\rho_e g}{\rho_c h}}$$ Esta é a equação diferencial de um oscilador harmónico não amortecido que teve um impulso de oscilação igual a

.

# Capítulo III: Abordagem energética do movimento de um ponto material

## I. Introdução

No que precede, a mecânica baseou-se nas três leis de Newton. Mas esta não é a única forma de basear a mecânica. Pode basear-se nas três leis de conservação: conservação da energia, conservação do momento e conservação do impulso. As leis de conservação não só fornecem uma base para a mecânica clássica para além das leis de Newton. Acima de tudo, fornecem métodos de análise mais simples do que aqueles que envolvem a resolução das equações diferenciais que resultam do princípio fundamental da dinâmica. Se, num problema mecânico, conhecermos todas as forças e tivermos computadores suficientemente potentes para traçar todas as trajectórias de todas as partículas, então as leis de conservação não nos dão qualquer informação adicional. Mas, em geral, não conhecemos todas as forças e, neste caso, as leis de conservação são insubstituíveis. E, portanto, são ferramentas muito poderosas porque são independentes dos detalhes das trajectórias.

As leis da conservação da energia envolvem os conceitos de energia cinética, energia potencial e trabalho. Vamos tentar compreender estes conceitos através de exemplos simples.

## II. Trabalho e potência de uma força

### 1. Trabalho de uma força

O trabalho é uma grandeza escalar, enquanto a força é uma grandeza vetorial. $W = \vec{F}.\vec{r}$ O trabalho é definido pela força aplicada a uma partícula numa deslocação elementar. $M_i \, M_{i+1} \, M_i \, M_{i+1}$ Para calcular o trabalho de uma tal força, a trajetória deve ser cortada em secções e suficientemente pequena para que o arco seja tratado como um segmento. O trabalho sobre a trajetória é obtido pela soma de todos os trabalhos elementares

$$\Delta W = \vec{F}(\mathrm{M}_i).\overrightarrow{\mathrm{M}_i\mathrm{M}_{i+1}} \quad : \text{Trabalho de base}$$

$$W = \sum_i \Delta W_i = \sum_i \vec{F}(\mathrm{M}_i).\overrightarrow{\mathrm{M}_i\mathrm{M}_{i+1}} \cdot \overrightarrow{\mathrm{M}_i\mathrm{M}_{i+1}} \; \overrightarrow{\mathrm{M}_i\mathrm{M}_{i+1}} \to 0 \; \text{Quando é infinitesimalmente}$$

pequeno ( ), passamos do somatório discreto para o somatório contínuo (integral).

$$W = \int_L \vec{F(M)}.\overrightarrow{dr} \quad ; \lim_{M_i \to M_{i+1}} \overrightarrow{\mathrm{M}_i\mathrm{M}_{i+1}} = \overrightarrow{dr}$$

$dW \succ 0 \; \overrightarrow{dr} \; \vec{F}$ Diz-se que a obra é motorizada se , e formam um ângulo entre si.

$$\alpha \prec \frac{\pi}{2}$$

$dW \prec 0 \; \overrightarrow{dr} \; \vec{F}$ Diz-se que a obra é resistente se , e formam um ângulo entre si.

$$\alpha \succ \frac{\pi}{2}$$

A unidade de trabalho no sistema internacional é o N.m. chamado Joule.

## 2. Potência de uma força

### a. Potência média

$\vec{F}$ $\Delta t$ O rácio entre o trabalho e o intervalo de tempo é designado por potência média da força aplicada a um ponto material no tempo t.

$$\langle P \rangle = \frac{\Delta W}{\Delta t}$$

### a. Potência instantânea

$\vec{F}$ A potência instantânea da força no tempo t num referencial R, aplicada a um ponto material M, é o seguinte produto escalar :

$$P = \vec{F}.\vec{v}_{(M/R)}$$

A mesma expressão para a potência instantânea pode ser obtida a partir da expressão para a potência média quando $\Delta t \to 0$

A unidade de potência no sistema internacional é o J/s ou Watt.

## III. Forças conservadoras e não conservadoras

## 1. Forças conservadoras

A obtenção do trabalho de qualquer força em qualquer trajetória é geralmente difícil; no entanto, existem campos de forças para os quais esta integração é fácil. Estas são chamadas forças conservativas porque o trabalho destas forças não depende da trajetória seguida e depende apenas das posições inicial e final. Assim, diz-se que uma força é conservativa se o seu trabalho não depende do caminho percorrido para mover um ponto material do ponto A para o ponto B. $W_{ABA} = \oint \vec{F}.\vec{dr} = \vec{0}$ Isto é . Se tomarmos como exemplo a força de um peso ao longo de uma trajetória AB qualquer (ver Figura 1), verificamos que o trabalho da força do peso não depende da trajetória seguida, depende apenas dos pontos inicial e final. $W_{AB}(\vec{P}) = \int_{AB} \vec{P}.\vec{dl} = mg\int_A^B dl = mg(z_A - z_B) = -mgH$

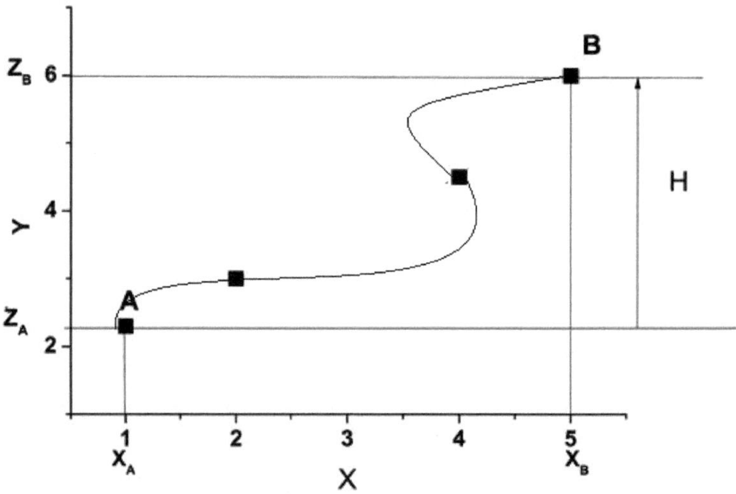



**Figura 1**: Movimento do corpo do ponto A para o ponto B.

## 2. Forças não conservadoras

$\vec{f} = -\lambda\vec{v}$ Regra geral, nem todas as forças dissipativas são conservativas, o que é obviamente o caso das forças de atrito . $W_{ABA} = \oint \vec{F}.\vec{dr} \neq \vec{0}$ Ao longo de uma trajetória, verificamos que o trabalho não é nulo ( ) e não depende dos pontos de partida e de chegada.

$A \rightarrow C \rightarrow A \rightarrow B$  $A \rightarrow B$ Exemplo: Calcular o trabalho ao longo das trajectórias e . Dado AC=1m , CB=2m AB=1m f=1N

Resposta:

$$\overrightarrow{W_{ACAB}}(\vec{f}) = \overrightarrow{W_{AC}}(\vec{f}) + \overrightarrow{W_{CA}}(\vec{f}) + \overrightarrow{W_{AB}}(\vec{f}) = \vec{f}.\overrightarrow{AC} + \vec{f}.\overrightarrow{CA} + \vec{f}.\overrightarrow{AB}$$
$$= f.AC\cos\pi + f.CA\cos\pi + f.AB\cos\pi = -5J$$

$\overrightarrow{W_{AB}}(\vec{f}) = \overrightarrow{W_{AB}}(\vec{f}) = f.AB\cos\pi = -3J$ . Podemos ver que o trabalho depende da trajetória seguida, pelo que a força de atrito é uma força não conservativa.

## IV. Lei da energia cinética e lei da potência cinética

### 1. Definição

Quando um corpo é sujeito a uma força que tende a acelerá-lo ou a desacelerá-lo, a sua energia cinética varia. Essa variação é igual ao trabalho realizado por essa força sobre a trajetória considerada. $\vec{F}$ Sob o efeito da força , um corpo move-se ao longo da trajetória AB. $\vec{F}$ O trabalho realizado por é :

$$W_{AB} = \int_{AB} \overrightarrow{F(M)}.\vec{dl} = \int_{AB} m\frac{\vec{dv}}{dt}.\vec{v}dt = \int_{AB} m\vec{v}d\vec{v} = \frac{1}{2}mv_B^2 - \frac{1}{2}mv_A^2 = \Delta E_c$$

$F(M)v(M) = \dfrac{dE_c}{dt}$ Por definição, esta quantidade é designada por energia cinética do ponto material no ponto M da sua trajetória.

Este resultado é o teorema da energia cinética, que pode ser enunciado da seguinte forma:

Num referencial galileano, a variação da energia cinética de um ponto material é igual à soma de todas as forças externas que lhe são aplicadas.

$$W_{AB}(\vec{F}) = \Delta E_c$$

## 2. Lei da potência cinética

$\vec{F}$ Num referencial assumido como galileano, é a resultante das forças aplicadas a um ponto M de massa m que tem uma velocidade v(M) e uma aceleração a(M). De acordo com o princípio fundamental da dinâmica,

$$ma(M) = m\frac{dv(M)}{dt} = F(M)$$

$$m\frac{dv(M)}{dt}v(M) = F(M)v(M) \rightarrow \frac{d\left[m(\frac{v^2(M)}{2})\right]}{dt} = F(M)v(M)$$

$F(M)v(M) = \frac{dE_c(M)}{dt}$ $E_c(M)$ Assim, , dado que representa a energia cinética do ponto M. Finalmente, o teorema da potência cinética é o seguinte

$$P(F) = \frac{dE_c(M)}{dt}$$

## V. Energia potencial e energia mecânica

## 1. Energia potencial

Vimos que, ao aplicarmos forças, podemos transmitir energia cinética a um corpo. Mas as forças também podem ser utilizadas para deslocar um corpo do ponto A para o ponto B (ver Figura 1).

$\vec{v_A} = \vec{v_B}$ $E_c = \frac{1}{2}mv_A^2 - \frac{1}{2}mv_B^2 = 0$ O corpo desloca-se do ponto inicial A para o ponto final B com uma velocidade constante. Consequentemente, a energia cinética. Considera-se que o corpo está sujeito apenas à força do seu peso.

$$\left\{ \begin{array}{l} W_{AB}(\vec{P}) = \int\limits_{AB} \vec{P}.\vec{dl} = mg\int\limits_{A}^{B} dl = mg(z_A - z_B) = -mgH \\ \Delta E_p = E_p(B) - E_p(A) = mg(z_B - z_A) = mgH \end{array} \right\} \Rightarrow \Delta E_p = -W_{AB}(\vec{P})$$

Verifica-se que a variação da energia potencial de um ponto material sujeito a várias forças conservativas é igual ao inverso da soma dos trabalhos dessas forças. $W_{AB}(\vec{F_c}) = -\Delta E_p \rightarrow \vec{F_c} = -\overrightarrow{grad}E_p$

## 2. Energia mecânica

A energia mecânica de um corpo tratado como um ponto material é, por definição, a soma das suas energias cinética e potencial. $E_m = E_c + E_p$

$\vec{F} \ \vec{F_c} \ \vec{F}_{nc}$ Considerando um ponto material sujeito a uma força resultante . e denotam forças conservativas e não conservativas, respetivamente.

$\Delta E_c = W_{AB}(\vec{F}) = W_{AB}(\vec{F}_{nc}) + W_{AB}(\vec{F_c})$ $\Delta E_p = -W_{AB}(\vec{F_c})$ De acordo com o teorema da energia cinética e da energia potencial, temos: e . Daí que

$$\Delta E_m = \Delta E_c + \Delta E_p = W_{AB}(\vec{F}) - W_{AB}(\vec{F_c}) = W_{AB}(\vec{F}_{nc}) + W_{AB}(\vec{F_c}) - W_{AB}(\vec{F_c}) = W_{AB}(\vec{F}_{nc})$$

$\Delta E_m = W_{AB}(\vec{F}_{nc}) \prec 0$. Este resultado constitui o teorema da energia mecânica, que afirma que a variação da energia mecânica de um ponto material sujeito a várias forças é igual à soma dos trabalhos das forças não conservativas.

$\Delta E_m = 0 \rightarrow E_m = cte$ Nota: No caso em que o ponto material está sujeito apenas a forças conservativas, a variação da sua energia mecânica é nula, pelo que a energia mecânica é uma constante ( )

## VI. Estudo energético do movimento

### 1. Caso geral: resolução gráfica

$E_m = E_c + E_p$ $E_c = E_m - E_p$ Sabemos que, portanto, . A partícula não se pode deslocar entre os intervalos [A, B] e [C, D]. Nestes intervalos, a energia potencial é maior do que a energia mecânica (ver Figura 2). Em contrapartida, entre as posições B e C, a energia mecânica é maior do que a energia potencial e diz-se que a partícula está **num estado livre**.

35

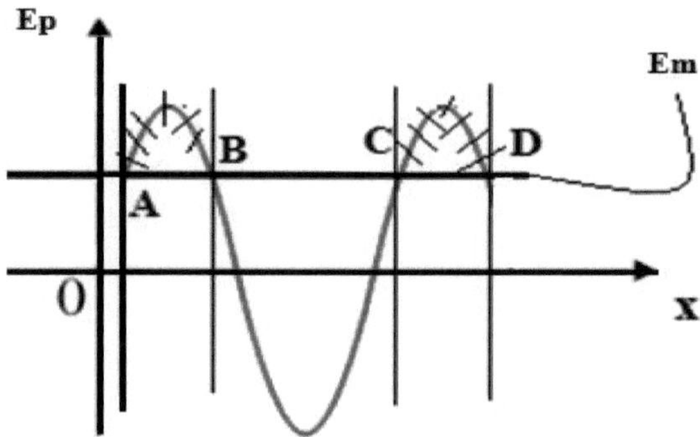

Figura 2. Discussão gráfica do movimento

## 2. Caso do oscilador harmónico

$E_m = \frac{1}{2}mv^2 + \frac{1}{2}kx^2$ A energia mecânica de um oscilador harmónico , A energia

potencial é representada como uma função da posição x (ver Figura 3).

$_{0,0}$a partícula só se pode mover no intervalo [-x x ], diz-se que está num estado limitado (entre P e P').

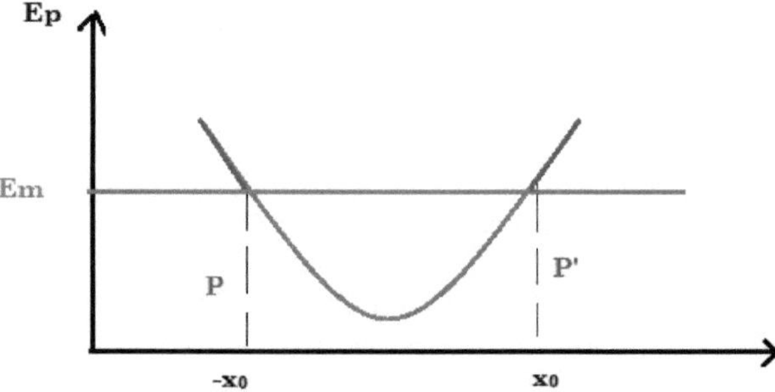

Figura 3. Discussão gráfica para o caso de um oscilador harmónico

## 3. Campo newtoniano

$E_p = \frac{-k}{r} \; k \succ 0 \; E_m = \frac{1}{2}mv^2 - \frac{k}{r} \; \frac{1}{2}mv^2 = E_m + \frac{k}{r} \to E_m \succ E_p$ A energia potencial neste

caso é igual a com , a energia mecânica é igual a , podemos ver que .

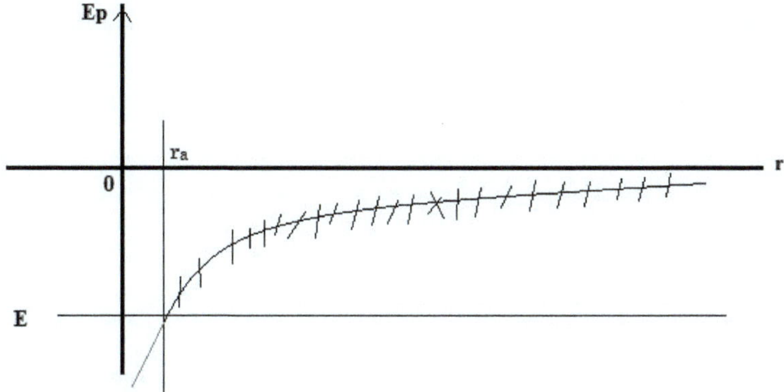

**Figura 4.** Discussão gráfica para o campo newtoniano

$\underline{\text{er}\, E_m \prec 0\; 1 \text{ casos :}}$

$_a$A partícula não pode estar a mais de uma distância r do ponto de origem O. Este é um estado limite (a lua à volta da terra).

$\underline{\text{er}\, E_m = 0\; 2 \text{ casos :}}$

A partícula chega ao infinito com velocidade zero, num estado de difusão.

$\underline{\text{er}\, E_m \succ 0\; 1 \text{ casos :}}$

A partícula está sempre em movimento, está num estado de difusão.

## 4. Posições de estabilidade

Considere-se uma partícula que se pode mover ao longo de um eixo e que está sujeita a uma força derivada da energia potencial.

### a. Posição de equilíbrio

As posições de equilíbrio são obtidas procurando os extremos de Ep

$$\frac{dE_p}{dx}\Big)_{x=x_0} = 0 \rightarrow F(x_0) = 0$$

### b. Estabilidade

₀ ₀Coloquemo-nos em x (posição de equilíbrio) e façamos um pequeno deslocamento x-x a partir desta posição. Limitando-nos à 2ª ordem de expansão limitada, podemos escrever :

$$F(x) = F(x_0) + (x - x_0)\frac{\partial F}{\partial x})_{x=x_0} \quad F = -grad E_p = -\frac{\partial E_p}{\partial x} \text{ portanto}$$

$$F(x) = -(x - x_0)\frac{\partial^2 E_p}{\partial x^2})_{x=x_0}$$

Existem dois cenários possíveis:

er $\frac{\partial^2 E_p}{\partial x^2} \succ 0$ **1 casos:** : "Equilíbrio estável".

$F(x)$ $(x - x_0)$ é de sinal contrário a , a partícula é sujeita a uma força que a puxa de volta para a sua posição de equilíbrio. Diz-se que o equilíbrio é estável (ver figura 5).

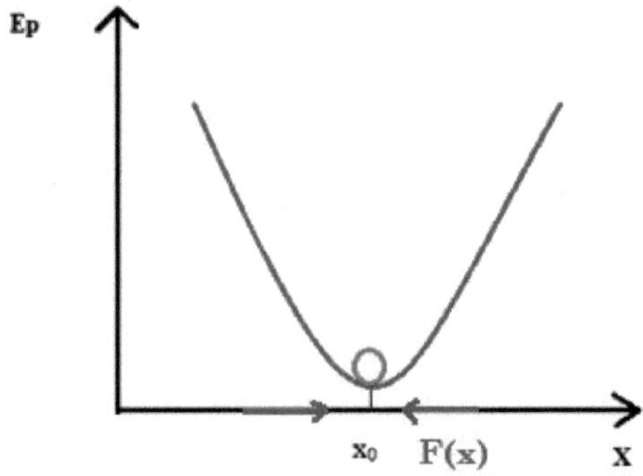


**Figura 5**: Equilíbrio estável

er $\frac{\partial^2 E_p}{\partial x^2} \prec 0$ **1 casos:** ; "Equilíbrio instável".

$F(x)(x-x_0)$ é do mesmo sinal que , a partícula é sujeita a uma força que a afasta da sua posição de equilíbrio. Diz-se que o equilíbrio é instável (ver figura 6).

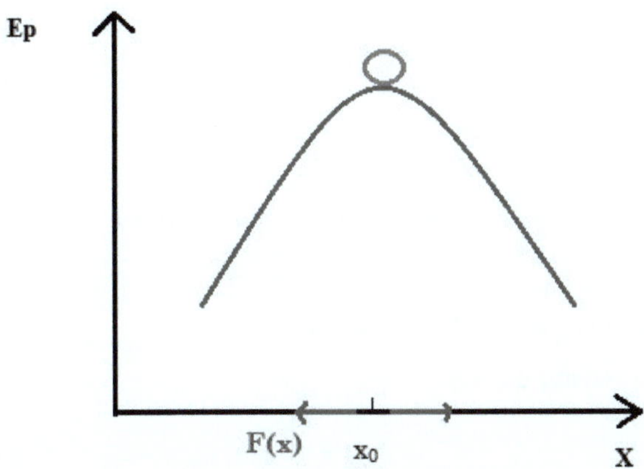


**Figura 6**. Equilíbrio instável

## VII. Aplicações

Uma bola, considerada como um ponto material, desliza sem atrito no interior de um tubo com a forma de uma circunferência. $\vec{g} = g\vec{u_z}$ $g = 10m.s^{-2}$ O tubo de centro O e raio a é colocado no campo gravitacional ( ). $(\vec{u_r}, \vec{u_\theta})$ $\theta_0 = 5°$ Em t=0, o ponto material é afastado do eixo Z de um ângulo e depois abandonado sem qualquer velocidade inicial. Vamos agora estudar os aspectos cinemáticos, dinâmicos e energéticos do movimento da bola.

$\overrightarrow{OM}$ $R = \rho = cte$ **1)** Determinar o vetor de posição ( )

**2)** Determinar o vetor de posição $\vec{v}(M)$

**3)** Determinar o vetor de aceleração $\vec{\gamma}(M)$

$(\vec{u_r}, \vec{u_\theta})$ **4)** Quais são as forças que actuam sobre a bola na base polar .

**5)** Escreva a relação fundamental para a dinâmica em R

**6)** Encontre a equação diferencial do movimento

$\theta(t)$ **7)** Determinar para pequenos alongamentos e traçar a sua variação em função do tempo.

$E_p(\theta)$ **8)** Dê a expressão para a energia potencial . $E_p(0) = 0$ A energia na origem é assumida como sendo zero .

**9)** Determinar as posições de equilíbrio e estudar as suas estabilidades

$\dfrac{mga}{2}\theta^2(t)$ **10)** Colocar a energia potencial na forma e. $\cos(\theta) \square\, 1 - \dfrac{\theta^2}{2}$ Obtemos que

**11)** Determinar a energia potencial média

$E_c(\theta)$ **12)** Determine a expressão para a energia cinética e deduza o seu valor médio.

$E_m(\theta)$ **13)** Determinar a energia mecânica .

**14)** Desenhar o retrato de fase

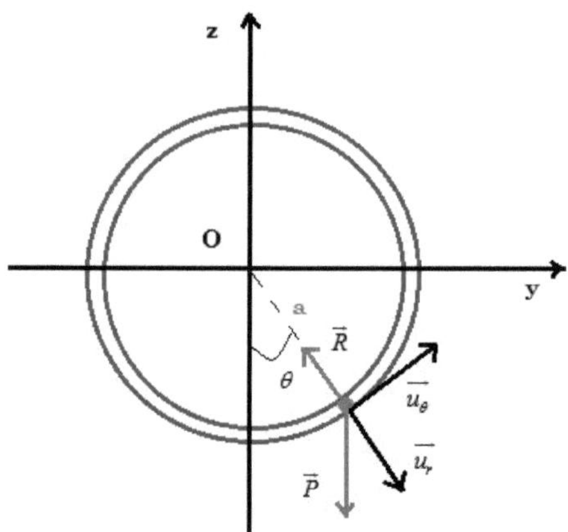


<u>*Resposta*</u>

**1)** O vetor de posição $\vec{OM} = a\vec{u}_r$

$$\vec{v}(M) = \frac{d\overline{OM}}{dt} = a\dot{\theta}\vec{u}_\theta \quad r = a = cte \rightarrow \dot{r} = 0$$ **2)** O vetor de velocidade ( )

**3)** O vetor de aceleração em coordenadas polares : $\vec{\gamma} = \left(-a\dot{\theta}^2\right)\vec{u}_r + \left(a\ddot{\theta}\right)\vec{u}_\theta$

**4)** As forças que actuam sobre a massa m são :

-Reação: $\vec{T} = -R_1 \cdot \vec{u}_r + R_2\vec{u}_z$

$\vec{P}$ A força do peso . $\vec{P}$ Projectando sobre a base polar obtém-se ;

$\vec{P} = mg\cos\theta \cdot \vec{u}_r - mg\sin\theta \cdot \vec{u}_\theta$

**5)** Aplicando a relação fundamental da dinâmica :

$$m\vec{\gamma} = \sum \vec{F} \to \vec{P} + \vec{R} = m\vec{\gamma}$$

$\vec{u}_r, \vec{u}_\theta, \vec{u}_z$ Projectando as forças e o vetor aceleração na base polar ( ) obtém-se :

$$\begin{cases} mg\cos\theta - R_1 = -mR\dot{\theta}^2 & (1) \\ -mg\sin\theta = mR\ddot{\theta} & (2) \\ R_2 = 0 & (3) \end{cases}$$

$\sin\theta \square \theta \ \ddot{\theta} + \dfrac{g}{R}\theta = 0$ **6)** Para pequenos alongamentos , obtém-se a equação (2)

que representa a equação diferencial do movimento .

$\theta(t) = A\sin(\omega_0 t + \varphi) \ \ \omega_0^2 = \dfrac{g}{R} \ \varphi$ **7)** A solução da equação diferencial é da forma , e

C e são duas constantes a serem determinadas a partir das condições iniciais.

$$\begin{cases} \theta(t=0) = C\sin(\varphi) = \theta_0 \\ \dot{\theta}(t=0) = C\omega\cos(\varphi) = 0 \end{cases} C = \theta_0 \ et \ \varphi = \frac{\pi}{2}$$

Daí que $\theta(t) = \theta_0 \cos(\omega_0 t)$

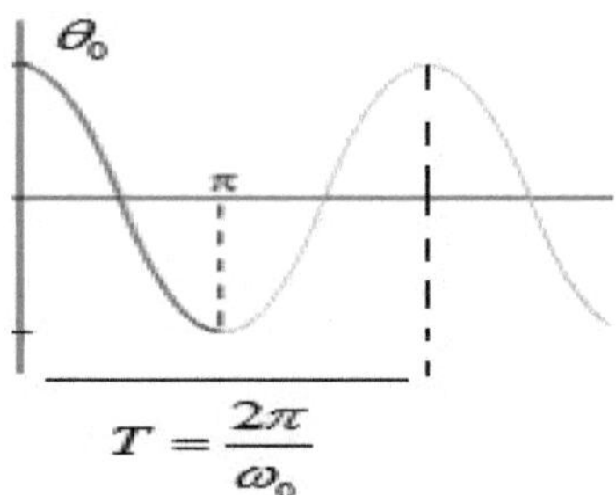


**8)** Temos : $-dE_p = \partial W(\vec{P}) \to \partial W(\vec{P}) = \vec{P}.\overrightarrow{dOM} = \vec{P}.\vec{v}dt \quad \vec{v}(M) = \dfrac{\overrightarrow{dOM}}{dt} = a\dot{\theta}\vec{u}_\theta$ e

$\vec{P} = mg\cos\theta\cdot\vec{u}_r - mg\sin\theta\cdot\vec{u}_\theta$. Logo $dE_p = -mga\sin\theta d\theta \to E_p(\theta) = -mga\cos(\theta) + C$

$E_p(0) = 0 \Rightarrow C = mga \Rightarrow E_p(\theta) = mga(1 - \cos(\theta))$.

9). 14. Posições de equilíbrio

$$\frac{dE_p(\theta)}{d\theta} = \frac{d(mga(1-\cos(\theta)))}{d\theta} = mga\sin\theta \to \left(\frac{dE_p(\theta)}{d\theta}\right)_{\theta=\theta_0} = 0 \to \begin{cases} \theta = 0 \\ et \\ \theta = \pi \end{cases}$$

Estabilidade

$$\frac{d^2 E_p(\theta)}{d\theta^2} = -mga\cos(\theta)$$

$$\frac{d^2 E_p}{d\theta^2}(\theta = 0) = -mga \prec 0 \quad \text{Posição de equilíbrio instável}$$

$$\frac{d^2 E_p}{d\theta^2}(\theta = \pi) = mga \succ 0 \quad \text{Posição de equilíbrio instável}$$

$\cos(\theta) \simeq 1 - \dfrac{\theta^2}{2}$ $E_p(\theta) = \dfrac{1}{2}mga\theta^2$ **10)** de onde . $\theta(t) = \theta_0\cos(\omega_0 t)$

$E_p(\theta) = \dfrac{1}{2}mga\theta_0^2\cos^2(\omega_0 t)$ Sabendo que , obtemos: .

**11)** A energia potencial média é : $\left\langle E_p(\theta)\right\rangle = \dfrac{1}{4}mga\theta_0^2$

$$E_c(\theta) = \frac{1}{2}mv^2 = \frac{1}{2}ma^2\dot{\theta}^2 = \frac{1}{2}ma^2\omega_0^2\theta_0^2\sin^2(\omega_0 t) = \frac{1}{2}mga\theta_0^2\sin^2(\omega_0 t) \;\; \mathbf{12)} \; .$$

A energia potencial média é : $\left\langle E_c(\theta)\right\rangle = \dfrac{1}{4}mga\theta_0^2$

$E_m(\theta) = E_p(\theta) + E_c(\theta) = \dfrac{1}{2}mga\theta_0^2 \; \mathbf{13)}$ . Verifica-se que a energia potencial e a energia cinética se distribuem igualmente ao longo de um período de tempo.

$$\left\langle E_c(\theta)\right\rangle = \left\langle E_p(\theta)\right\rangle = \frac{1}{2}mga\theta_0^2 = \frac{1}{2}E_m(\theta)$$

**14)**. $E_p(\theta) = \dfrac{1}{2}mga\theta^2 \;\; E_c(\theta) = \dfrac{1}{2}mv^2 = \dfrac{1}{2}ma^2\dot{\theta}^2$ e $E_m(\theta) = E_p(\theta) + E_c(\theta) = \dfrac{1}{2}mga\theta_0^2$

$$E_m(\theta) = E_p(\theta) + E_c(\theta) = \frac{1}{2}mga\left(\theta^2 + \frac{\dot{\theta}^2}{\omega_0^2}\right) = \frac{1}{2}mga\theta_0^2 \Rightarrow \frac{\theta^2}{\theta_0^2} + \frac{\dot{\theta}^2}{\omega_0^2\theta_0^2} = 1 \; . \;\; \omega_0\theta_0 \;\; \theta_0 \;\; \text{Esta é}$$

uma "equação de uma elipse de semi-eixo maior e eixo menor .

# Capítulo IV: Movimento num campo de forças central conservador

## I. Introdução

$\overrightarrow{\mathbf{F(r)}} = \dfrac{-k}{r^2}.\overrightarrow{\mathbf{u_r}} = \mathbf{F(r)}.\overrightarrow{\mathbf{u_r}}$ A força central é uma força que depende apenas da distância r entre a origem O do referencial e o ponto material M. A força central é geralmente escrita como . $\mathbf{F}\,\overrightarrow{\mathbf{u_r}}$ Dado que k é uma constante, e representam o módulo da força e o vetor unitário, respetivamente. Exemplos são a força gravitacional e a força de coulomb.

## II. Leis de conservação da força central

### 1. Conservação do momento angular

Considere-se uma partícula M de massa m sujeita a uma força central. Uma força central que é constantemente dirigida para um ponto fixo O. A derivada do momento angular p/p em O é :

$$\frac{d\overrightarrow{\sigma}_{/0}}{dt} = \frac{d(\overrightarrow{OM} \wedge m\overrightarrow{v})}{dt} = \frac{d\overrightarrow{OM}}{dt} \wedge m\overrightarrow{v} + \overrightarrow{OM} \wedge \frac{dm\overrightarrow{v}}{dt} \quad . \text{ De acordo com o RFD } \overrightarrow{F(r)} = m\frac{d\overrightarrow{v}}{dt}$$

$$\frac{d\overrightarrow{\sigma}_{/0}}{dt} = \frac{d\overrightarrow{OM}}{dt} \wedge m\overrightarrow{v} + \overrightarrow{OM} \wedge \frac{dm\overrightarrow{v}}{dt} = \overrightarrow{v} \wedge m\overrightarrow{v} + \overrightarrow{OM} \wedge \overrightarrow{F(r)} = \overrightarrow{0}$$

$$\frac{d\overrightarrow{\sigma}_{/0}}{dt} = \overrightarrow{0} \Rightarrow \overrightarrow{\sigma}_{/0} = \overrightarrow{\sigma}_{0} = \overrightarrow{\mathbf{cte}} \quad . \quad \overrightarrow{\sigma}_{0} = \overrightarrow{\mathbf{cte}} \text{ O momento angular é conservado }.$$

$\overrightarrow{OM}\,\overrightarrow{v}(M)$ $(O,\overrightarrow{OM},\overrightarrow{v}(M))$ O momento angular é perpendicular ao plano formado pelo vetor posição e pelo vetor velocidade . *Podemos dizer que uma partícula sujeita a uma força central tem um movimento* Plano

### 2. Lei das áreas

Escolhemos um referencial R de modo a que o plano de movimento seja o plano XOY. A partícula M é então identificada pelas suas coordenadas polares $(r,\theta)$

$$\overrightarrow{OM} = r.\overrightarrow{u_r} \; , \; \overrightarrow{v} = \frac{d\overrightarrow{OM}}{dt} = \dot{r}.\overrightarrow{u_r} + r\dot{\theta}\overrightarrow{u_\theta}$$

$$\overrightarrow{\sigma_{/0}} = \overrightarrow{OM} \wedge m\vec{v} = r.\overrightarrow{u_r} \wedge (\dot{r}.\overrightarrow{u_r} + r\,\dot\theta\overrightarrow{u_\theta}) = mr^2\dot\theta\overrightarrow{u_z} \quad . \quad \overrightarrow{\sigma_{/0}} = \overrightarrow{\sigma_0} = \overrightarrow{cte} \quad mr^2\dot\theta = cte \Rightarrow r^2\dot\theta = C \text{ Já}$$

mostrámos que o momento angular é conservado e, portanto, obtemos: .

Calculemos a área percorrida pela semi-reta r quando passa do ponto M(t) para o ponto M'(t+dt)

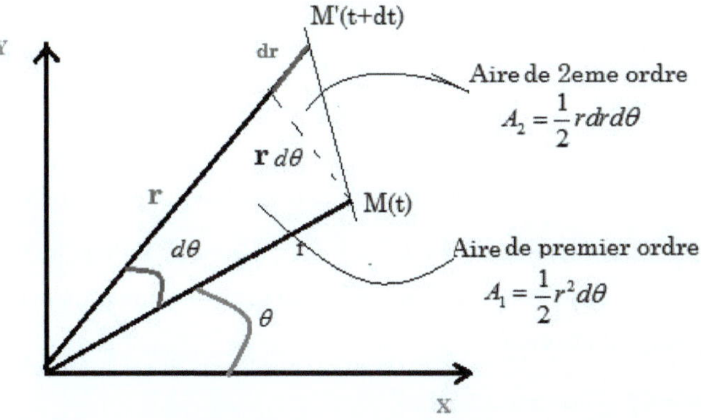


*Figura 1*: Interpretação geométrica

$dA = A_1 + A_2 = \dfrac{1}{2}r^2 d\theta + \dfrac{1}{2}r\,dr\,d\theta$ A área varrida é igual a . 21Sabendo que a segunda área A tem um termo que é desprezível em relação ao primeiro termo relativo à área A . $dA = \dfrac{1}{2}r^2 d\theta \Rightarrow \dfrac{dA}{dt} = \dfrac{1}{2}r^2\dfrac{d\theta}{dt} = \dfrac{1}{2}r^2\dot\theta = \dfrac{1}{2}C$ Assim, .

Esta expressão é conhecida como a lei das áreas ou a 2ª lei de Kepler. $A = \dfrac{1}{2}C\Delta t$ Num movimento de força central, o vetor de raios percorre áreas iguais durante períodos iguais .

## 3. Energia mecânica

### a. Conservação da energia mecânica

$\vec{F}(r) = -\overrightarrow{gradE_p}$ Como a força central é uma força conservativa, ela é derivada de uma energia potencial . $\vec{F}(r)$ $E_m = E_c + E_p = \dfrac{1}{2}mv^2 + E_p$ Se a partícula M de massa m estiver sujeita apenas à força , a energia mecânica da partícula num referencial R é constante e igual a: . $\vec{v} = \dot{r}.\overrightarrow{u_r} + r\dot{\theta}\overrightarrow{u_\theta}$ A velocidade da partícula em coordenadas polares é igual a: . A expressão da energia mecânica passa a ser :

$$E_m = \frac{1}{2}m\dot{r}^2 + \frac{1}{2}mr^2\dot{\theta}^2 + E_p \Rightarrow \mathbf{E_m = \frac{1}{2}m\dot{r}^2 + E_p^{eff}} \quad E_p^{eff} = \frac{1}{2}mr^2\dot{\theta}^2 + E_p \quad \text{Onde} \qquad \mathbf{E_{peff}}$$

$\mathbf{C = r^2\dot{\theta}}$ Exprimindo em função da constante de área , obtém-se :

$$\mathbf{E_p^{eff}} = \frac{m}{2}\frac{C^2}{r^2} + E_p$$

$E_m \; \mathbf{E_p^{eff}}$ Na expressão da energia mecânica , o movimento do ponto M tem uma componente radial na expressão da energia cinética e também aparece outra componente radial na constante de área; que está escondida na expressão da energia potencial efectiva .

$$\mathbf{E_m = \frac{1}{2}m\dot{r}^2 + E_p^{eff}} \quad \frac{1}{2}m\dot{r}^2 \geq 0 \Rightarrow E_m \geq E_p^{eff} \quad .$$

*O movimento do ponto de material só é possível se*  $\underline{\mathbf{E_m \geq E_p^{eff}}}$

## b. Estudo gráfico

$\mathbf{E_p^{eff} \; \frac{1}{2}m\dot{r}^2 = E_m - E_p^{eff}}$ Consideremos o caso em que tem um mínimo . Há vários casos a considerar:

> $\underline{\overset{er}{\mathbf{E_m}} \succ 0 \, 1}$ : ***A trajetória é uma hipérbole***

$E_p^{eff}$ min . min $E_p^{eff} \prec E_m$ A intersecção da reta Em=cte com a curva é um ponto situado a uma distância r A partícula não pode estar a uma distância inferior a r porque .

$[r_{min,} + \infty[$ O domínio acessível ao movimento da partícula é . Este estado da partícula é designado por estado ***de difusão*** ou estado ***livre***. $\frac{1}{2}m\dot{r}^2$ A partícula chega do infinito com energia cinética . À medida que se aproxima do centro O , a força central faz-se sentir sobre a partícula, no nosso caso é uma força de atração . $_{min}$A partícula é atraída para o centro O, aproxima-se de uma distância mínima r de O e depois afasta-se dele, descrevendo o ramo hiperbólico.

> $^{er}E_m \prec 0$ **2 : _A trajetória é uma elipse:_**

$E_p^{eff}$ 122A reta E=ct intersecta a curva em dois pontos A e A por considerações energéticas, a partícula só pode estar entre estes dois pontos. Este estado é designado por **estado limite** porque a partícula não se pode afastar do centro de atração mais do que r . A trajetória é uma elipse.

> $^{er}E_m = 0$ **3 : _A trajetória é uma parábola_**

> $^{er}E_m = E_p^{eff}$ _min_ **4 : _A trajetória é uma circunferência de raio r_**

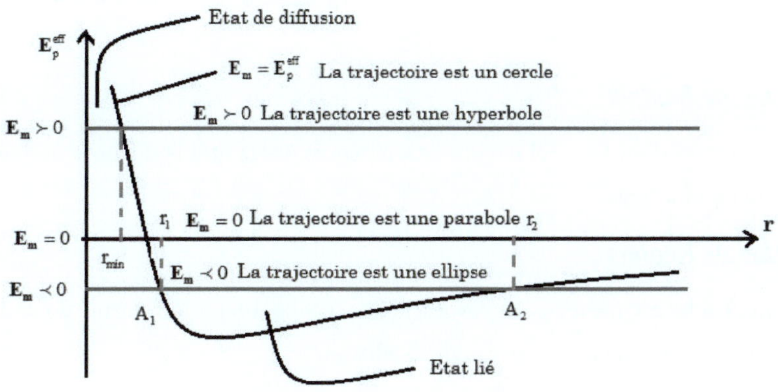


**Figura 2**: Estudo gráfico

## III. Velocidades cósmicas

### 1. Velocidade numa órbita circular

De acordo com o RFD :

$$\vec{m\gamma} = \vec{F} \quad \vec{\gamma} = \frac{-V^2}{r}\vec{u_r} \text{ a aceleração normal é , pelo que :}$$

$$\frac{-mV^2}{r} = \frac{-GMm}{r^2} \Rightarrow V = \sqrt{\frac{GM}{r}}$$ . Podemos ver que a taxa de satelitização depende da massa do atrator,

$$\vec{F} = -\overrightarrow{grad}E_p \Rightarrow E_p = -\frac{GMm}{r}$$

$$E_m = \frac{1}{2}mV^2 - \frac{GMm}{r} = \frac{1}{2}m\frac{GM}{r} - \frac{GMm}{r} = -\frac{1}{2}\frac{GMm}{r} \prec 0$$ A energia mecânica é menor do que a energia potencial, pelo que a estelita está num estado ligado.

## 2. Leis de Kepler

### $^{er}1$ *Lei de Kepler:*

O movimento elíptico dos planetas é uma elipse com o Sol como um dos seus focos.

### $^{er}2$ *Lei de Kepler:*

O raio vetorial entre o Sol e o planeta percorre áreas iguais durante períodos de tempo idênticos.

### $^{er}3$ *Lei de Kepler:*

O quadrado do período de revolução de um planeta em torno do Sol é proporcional ao cubo do eixo maior da elipse.

*Demonstração:* O período da revolução é : $T = \dfrac{\text{périmètre de cercle}}{\text{vitesse}} = \dfrac{2\pi r}{V}$

$$T = \frac{2\pi r}{\sqrt{\dfrac{GMm}{r}}} \Rightarrow \frac{T^2}{r^3} = \frac{4\pi^2}{GM}$$

## 3. Velocidade do satélite

$$\vec{F} = \frac{-GMm}{r^2}\vec{u_r}$$ O satélite está sujeito à força da gravidade. TT, $R_t + h \approx Rt$, $^{-224}$O raio da Terra é R =6370 Km, r= R h altitude do satélite igual a 340 Km ( (no caso de uma órbita rasante ou baixa) G= 9,81 m s , M= $6 \times 10$ kg

$$V_s = V = \sqrt{\frac{GM}{r}} \quad V_s = 7.9 \text{Km}/\text{s} \quad \text{A velocidade é: .A.}\underline{N}:$$

A velocidade da Terra sobre si própria (0,46 km/s) é utilizada para minimizar esta velocidade elevada, razão pela qual as bases de lançamento de satélites estão localizadas perto do equador.

## 4. Velocidade de libertação ou de escape

Por definição, a velocidade de libertação é a velocidade mínima que o satélite deve atingir para se libertar da atração da força gravitacional. $_m$A distância entre o ponto material (por exemplo, o satélite) e o centro da Terra é igual a r . No infinito, a velocidade, a energia mecânica e a energia potencial do satélite são nulas. $_l$A velocidade de libertação é V . A energia mecânica conserva-se,

pelo que $E_{mi} = E_{mf} \Rightarrow \dfrac{1}{2} m V_l^2 - \dfrac{GMm}{r} = 0 \Rightarrow V_l^2 = 2\dfrac{GMm}{r} = 2V_s^2$

$\underline{A.N}:\ V_l = 11 \text{km}/\text{s}$

## IV. Aplicações

$\vec{F} = -\dfrac{a}{r^2}\vec{u_r}$ Num referencial assumido como galileano, um ponto material M de massa m está sujeito a uma força , a é uma constante positiva . $\overrightarrow{OM_0} = r_0\vec{u_x}$ Os vectores posição e velocidade no instante inicial são iguais a e $\vec{v} = v_0(\cos\alpha\vec{u_x} + \sin\alpha\vec{u_y})$

1. Mostrar que o movimento é plano.

2. $\vec{F} = -\dfrac{a}{r^2}\vec{u_r}$ $Ep(\infty) = 0$ Mostre que a força é uma força conservativa. Derive a expressão para a energia potencial dado que .

3. Determine a energia potencial efectiva.

4. Indique a condição necessária para que o ponto material esteja em movimento livre de difusão.

*Resposta*

$$\vec{\sigma}_{/o} = \overrightarrow{OM} \wedge m\vec{v} \quad \frac{d\overrightarrow{\sigma}_{/o}}{dt} = \frac{d(\overrightarrow{OM} \wedge m\vec{v})}{dt} = \vec{0} \quad \frac{d\overrightarrow{\sigma}_{/o}}{dt} = \vec{0} \Rightarrow \overrightarrow{\sigma}_{/o} = \overrightarrow{\sigma}_0(M_0)$$

$$\overrightarrow{\sigma}_0(M_0) = \overrightarrow{OM_0} \wedge m\vec{v}_0 = mr_0 v_0 \sin\alpha \overrightarrow{u}_z \mathbf{1.} ,\ \textbf{dos quais}$$

$$\overrightarrow{\sigma}_0(M_0) = \overrightarrow{OM_0} \wedge m\vec{v}_0 = r.\overrightarrow{u}_r \wedge (\dot{r}.\overrightarrow{u}_r + r\dot{\theta}\overrightarrow{u}_\theta) = mr^2 \dot{\theta}\overrightarrow{u}_z \ \text{temos:}$$

$$\frac{\sigma_0}{m} = C = r_0 v_0 \sin\alpha = r^2 \dot{\theta}\ \text{A} \quad \text{constante} \quad \text{de} \quad \text{área} \quad \text{é:} \quad . \quad \overrightarrow{OM}\ \sigma_{/o}\ \overrightarrow{u}_z\ \text{O} \quad \text{vetor} \quad \text{é}$$

perpendicular em todos os instantes a . Podemos concluir que a trajetória é plana e está no plano formado por (OXY).

**2.**

$$\text{rot}\vec{F} = \vec{0}
\begin{vmatrix}
\dfrac{\partial}{\partial r} \\[2mm]
\dfrac{1}{r}\dfrac{\partial}{\partial\theta} \\[2mm]
\dfrac{1}{r\sin\theta}\dfrac{\partial}{\partial\varphi}
\end{vmatrix}
\wedge
\begin{vmatrix}
\dfrac{-a}{r^2} \\[2mm]
0 \\[2mm]
0
\end{vmatrix}
=
\begin{vmatrix}
0 \\ 0 \\ 0
\end{vmatrix}
\vec{F} \quad \text{A} \quad \text{força é conservadora}$$

$$\vec{F} = -\overrightarrow{\text{grad}}\,E_p \Rightarrow E_p = \frac{-a}{r} + c_1$$

**3.** A energia potencial efectiva é $E_p^{\text{eff}} = \dfrac{\sigma_0^2}{2mr^2} - \dfrac{a}{r}$

**4.** Para que exista um estado de difusão, a energia mecânica deve ser positiva.

$$E_m(\text{finale}) = E_m(\text{initiale}) \Rightarrow E_m = E_m(M_0) = \text{cte} = \frac{1}{2}mv_0^2 - \frac{a}{r}$$

$$E_m \succ 0 \Rightarrow \frac{1}{2}mv_0^2 - \frac{a}{r} \succ 0 \Rightarrow v_0 \succ \sqrt{\frac{2a}{mr_0}}\ \text{A} \quad \text{energia} \quad \text{mecânica} \quad \text{é} \quad \text{conservativa,}$$

portanto . . . $\sqrt{\dfrac{2a}{mr_0}}$ A velocidade inicial deve ser maior do que para que a

partícula esteja num estado de difusão.

# Capítulo V: Referenciais não galileanos

## I. Introdução

A transformação de Galileu permite-nos formular matematicamente a invariância das leis do movimento em relação a diferentes sistemas inerciais. A primeira lei ou princípio da inércia é invariante à transformação de Galileu porque o sistema inercial é obtido a partir do primeiro princípio. Para a segunda lei ou princípio fundamental da dinâmica, a massa inercial é invariante porque é igual à massa gravitacional, que é invariante, e o mesmo se aplica à aceleração. A terceira lei é invariante porque os comprimentos são invariantes pela transformação galileana.

Observemos a mesma experiência mecânica, uma vez partindo do sistema R (por exemplo, um laboratório ligado à Terra, assumido como inercial) e outra vez partindo do sistema R' obtido por uma transformação galileana aplicada a R (por exemplo, um avião com velocidade constante). R' afasta-se de R em qualquer direção. A obtenção do mesmo resultado demonstra que todas as localizações e direcções no espaço são idênticas. É a homogeneidade e a isotropia do espaço em relação ao sistema inercial. Desta vez, a identidade dos resultados mostra que os intervalos de tempo estão relacionados com os sistemas de referência inerciais. A invariância das leis de Newton reflecte a simetria do espaço e do tempo. Estes últimos impõem, portanto, as suas simetrias às leis do movimento.

Se considerarmos a transformação do movimento de um sistema inercial para um sistema não inercial, então a ação do espaço sobre o movimento aparece sob a forma de forças inerciais: **Força inercial = massa inercial * aceleração inercial**

O tempo, sendo absoluto, é portanto independente do espaço de referência. O espaço e o tempo na mecânica newtoniana são duas entidades independentes, o que não será o caso na mecânica relativista. Optámos por escrever as leis do movimento em referenciais inerciais porque as equações que descrevem estas leis são expressas de uma forma simples.

## II. Relação entre os vectores de diferentes quadros de referência

Se conhecermos a trajetória, a velocidade e a aceleração de um corpo num referencial R, podemos determiná-las num referencial R'? O movimento de um corpo em relação a R pode ser considerado como o resultado de dois movimentos, o movimento relativo do corpo em relação a R' e o movimento de R' em relação a R. R é designado por referencial fixo ou absoluto, R' é o referencial móvel ou relativo. O movimento do corpo em relação a R é designado por movimento relativo e o movimento de R' em relação a R é designado por movimento de arrastamento.

### 1. Rotação e translação de R' em relação a R

$\overrightarrow{\omega_{R'/R}}$ O movimento de R' em relação a R pode geralmente assumir a forma de rotação e translação: rotação à velocidade angular e/ou translação pelo vetor

$$\overrightarrow{v_{O'/R}} = \frac{d\overrightarrow{OO'}}{dt}$$

### 2. Rotação relativa de R' em relação a R

$(O',\overrightarrow{u'_x},\overrightarrow{u'_y},\overrightarrow{u'_z})$ $(O,\overrightarrow{u_x},\overrightarrow{u_y},\overrightarrow{u_z})$ $\overrightarrow{\omega_{R'/R}}$ Se R rodar em relação a R , o vetor de rotação cujas caraterísticas são :

$$\frac{d\overrightarrow{u_x}}{dt})_R = \overrightarrow{\omega_{R'/R}} \wedge \overrightarrow{u'_x} \quad \frac{d\overrightarrow{u_y}}{dt})_R = \overrightarrow{\omega_{R'/R}} \wedge \overrightarrow{u'_y} \quad , \frac{d\overrightarrow{u_z}}{dt})_R = \overrightarrow{\omega_{R'/R}} \wedge \overrightarrow{u'_z}$$

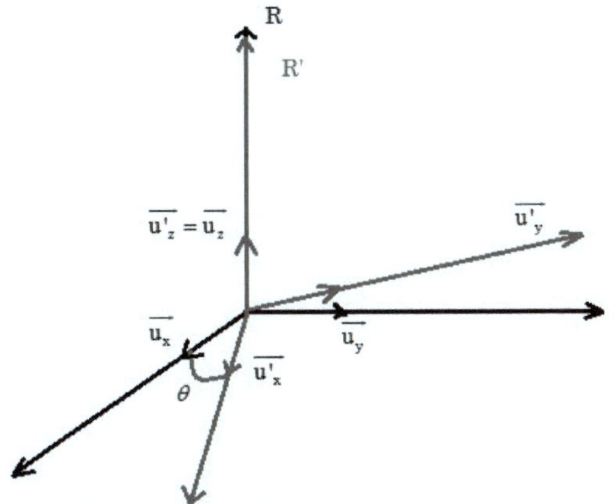

*Figura 1: Movimento de rotação de R em relação a R'.*

$$\left\{ \begin{array}{l} \overrightarrow{u'_x} = \cos\theta\overrightarrow{u_x} + \sin\theta\overrightarrow{u_y} \\ \overrightarrow{u'_y} = -\sin\theta\overrightarrow{u_x} + \cos\theta\overrightarrow{u_y} \\ \overrightarrow{u'_z} = \overrightarrow{u_z} \end{array} \right\} \rightarrow \left\{ \begin{array}{l} \dfrac{d\overrightarrow{u'_x}}{dt} = \dot\theta(-\sin\theta\overrightarrow{u_x} + \cos\theta\overrightarrow{u_y}) = \dot\theta\overrightarrow{u'_y} \\ \dfrac{d\overrightarrow{u'_y}}{dt} = -\dot\theta(-\sin\theta\overrightarrow{u_x} + \cos\theta\overrightarrow{u_y}) = -\dot\theta\overrightarrow{u_x} \\ \dfrac{d\overrightarrow{u'_z}}{dt} = \vec 0 \end{array} \right\} \Rightarrow \left\{ \begin{array}{l} \dot\theta\overrightarrow{u'_z} \wedge \overrightarrow{u'_x} = \dot\theta\overrightarrow{u'_y} \\ \dot\theta\overrightarrow{u'_z} \wedge \overrightarrow{u'_y} = -\dot\theta\overrightarrow{u'_x} \\ \dot\theta\overrightarrow{u'_z} \wedge \overrightarrow{u'_z} = \vec 0 \end{array} \right\}$$

$\overrightarrow{\omega_{R'/R}} = \dot\theta\overrightarrow{u'_z} \quad \dfrac{d\overrightarrow{u'_i}}{dt} = \overrightarrow{\omega}_{R'/R} \wedge \overrightarrow{u'_i}$ Se , podemos concluir a seguinte fórmula:

## 3. Derivação de um vetor em relação ao tempo

$\overrightarrow{U'} = x'\overrightarrow{u'_x} + y'\overrightarrow{u'_y} + z'\overrightarrow{u_z}$ $\overrightarrow{U'}$ S ejam , R e R' os referenciais fixo e móvel, estamos a tentar derivar o vetor em relação ao tempo em R

$$\overrightarrow{U'} = x'\overrightarrow{u'_x} + y'\overrightarrow{u'_y} + z'\overrightarrow{u_z}$$

$$\dfrac{d\overrightarrow{U'}}{dt}\Big)_R = (\dot x'\overrightarrow{u'_x} + \dot y'\overrightarrow{u'_y} + \dot z'\overrightarrow{u_z}) + x'\dfrac{d\overrightarrow{u'_x}}{dt} + y'\dfrac{d\overrightarrow{u'_y}}{dt} + z'\dfrac{d\overrightarrow{u'_z}}{dt}$$

$$= (\dot x'\overrightarrow{u'_x} + \dot y'\overrightarrow{u'_y} + \dot z'\overrightarrow{u_z}) + x'\overrightarrow{\omega}_{R'/R} \wedge \overrightarrow{u'_x} + y'\overrightarrow{\omega}_{R'/R} \wedge \overrightarrow{u'_x} + z'\overrightarrow{\omega}_{R'/R} \wedge \overrightarrow{u'_z}$$

$$\dfrac{d\overrightarrow{U'}}{dt}\Big)_R = \dfrac{d\overrightarrow{U'}}{dt}\Big)_{R'} + \overrightarrow{\omega}_{R'/R} \wedge \overrightarrow{U'}$$ Finalmente, a derivada de um vetor em R é:

## 4. Relação e composição do vetor de rotação

$\overline{U}$'A derivada de um vetor em relação ao tempo em R é dada por :

$$\frac{d\overline{U'}}{dt}\Big)_R = \frac{d\overline{U'}}{dt}\Big)_{R'} + \vec{\omega}_{R'/R} \wedge \overline{U'}$$ . $\overline{U}$'A derivada de um vetor em relação ao tempo

em R' é dada por :

$$\frac{d\overline{U'}}{dt}\Big)_{R'} = \frac{d\overline{U'}}{dt}\Big)_R + \vec{\omega}_{R/R'} \wedge \overline{U'}$$

$$\frac{d\overline{U'}}{dt}\Big)_R + \frac{d\overline{U'}}{dt}\Big)_{R'} = \frac{d\overline{U'}}{dt}\Big)_{R'} + \frac{d\overline{U'}}{dt}\Big)_R + (\vec{\omega}_{R'/R} + \vec{\omega}_{R/R'}) \wedge \overline{U'} \quad (\vec{\omega}_{R'/R} + \vec{\omega}_{R/R'}) = 0$$ A soma das

duas derivadas dá: Para que esta equação esteja correta, . $\vec{\omega}_{R'/R} = -\vec{\omega}_{R/R'}$

$\overline{U}$'Agora vamos supor que temos três referenciais R e R' e R", a derivada de
em cada um destes referenciais

$$\frac{d\overline{U'}}{dt}\Big)_{R'} = \frac{d\overline{U'}}{dt}\Big)_R + \vec{\omega}_{R/R'} \wedge \overline{U'} \quad (1)$$

Substituir (1) em (2) para obter :

$$\frac{d\overline{U'}}{dt}\Big)_{R''} = \frac{d\overline{U'}}{dt}\Big)_{R'} + \vec{\omega}_{R'/R''} \wedge \overline{U'} \quad (2)$$

$$\frac{d\overline{U'}}{dt}\Big)_{R''} = \frac{d\overline{U'}}{dt}\Big)_R + \vec{\omega}_{R/R'} \wedge \overline{U'} + \vec{\omega}_{R'/R''} \wedge \overline{U'} = \frac{d\overline{U'}}{dt}\Big)_R + (\vec{\omega}_{R/R'} + \vec{\omega}_{R'/R''}) \wedge \overline{U'}$$

$$\frac{d\overline{U'}}{dt}\Big)_{R''} = \frac{d\overline{U'}}{dt}\Big)_R + \vec{\omega}_{R/R''} \wedge \overline{U'}$$

Assim, por identificação, podemos concluir que $\vec{\omega}_{R/R''} = \vec{\omega}_{R/R'} + \vec{\omega}_{R'/R''}$

## III. Composição do movimento

## 1. Composição da velocidade

$\overline{V}$ $\overline{V}$'Para obter a relação que estamos a procurar entre a velocidade absoluta
do ponto M no referencial fixo e a velocidade relativa do ponto m em R'. Vamos
derivar a seguinte relação em relação ao tempo: $\overrightarrow{OM} = \overrightarrow{OO'} + \overrightarrow{O'M}$

$$\vec{V}_{M/R} = \frac{d\overrightarrow{OM}}{dt}\Big)_R = \frac{d\overrightarrow{OO'}}{dt}\Big)_R + \frac{d\overrightarrow{O'M}}{dt}\Big)_R = \overrightarrow{V_{O'/R}} + \frac{d\overrightarrow{O'M}}{dt}\Big)_{R'} + \vec{\omega}_{R'/R} \wedge \overrightarrow{O'M}$$

$$\vec{V}_{M/R} = \overrightarrow{V_{O'/R}} + \vec{V}_{M/R'} + \vec{\omega}_{R'/R} \wedge \overrightarrow{O'M}$$

Para saber a composição da velocidade, vamos utilizar o conceito de ponto coincidente para determinar a velocidade de arrastamento. A velocidade de arrastamento é a velocidade de M', ligada a R', que coincide com o ponto M num dado instante t. $M \equiv M'$ $\vec{V}_{M/R}$ Para determinar esta velocidade, suponha que num dado momento t, ou seja, substitua M por M' na expressão para a velocidade .

$$\vec{V}_e(M) = \vec{V}_{M'=M/R} = \overrightarrow{V_{O'/R}} + \vec{V'}_{M'/R'} + \vec{\omega}_{R'/R} \wedge \overrightarrow{O'M'} \quad \vec{V'}_{M'/R'} = \vec{0} \text{ S abendo que },$$

$$\vec{V}_e(M') = \overrightarrow{V_{O'/R}} + \vec{\omega}_{R'/R} \wedge \overrightarrow{O'M'} .$$

$$\vec{V}_e(M) = \overrightarrow{V_{O'/R}} + \vec{\omega}_{R'/R} \wedge \overrightarrow{O'M} \text{ Assim, a velocidade de deslocação do ponto M é: .}$$

A lei da composição da velocidade pode ser escrita como velocidade absoluta: a soma da velocidade relativa e da velocidade de arrastamento.

$$\vec{V}_a(M)_R = \overrightarrow{V_r}(M)_{R'} + \vec{V}_e(M) \Rightarrow \left\{ \begin{array}{l} \vec{V}_r(M)_{R'} = \dfrac{d\overrightarrow{O'M}}{dt})_{R'} \\ \vec{V}_e(M) = \overrightarrow{V_{O'/R}} + \vec{\omega}_{R'/R} \wedge \overrightarrow{O'M} \end{array} \right\}$$

## 2. Composição das acelerações
### *Aceleração absoluta e relativa*

Por definição, temos :  $\vec{\gamma}(M)_R = \dfrac{d\vec{V}_a(M)_R}{dt}$  Derivamos o vetor velocidade absoluta termo a termo

- $\dfrac{d\overrightarrow{V_r}(M)_{R'}}{dt})_R = \dfrac{d(\overrightarrow{V_r}(M)_{R'})}{dt})_{R'} + \overrightarrow{\omega_{R'/R}} \wedge \vec{V}_r(M)_{R'} = \overrightarrow{\gamma_r}(M)_{R'} + \overrightarrow{\omega_{R'/R}} \wedge \vec{V}_r(M)_{R'}$

- $\dfrac{d\overrightarrow{V_{O'/R}}}{dt})_R = \overrightarrow{\gamma_{O'}}(M)_R$

  $\dfrac{d(\vec{\omega}_{R'/R} \wedge \overrightarrow{O'M})}{dt})_R = \dfrac{d(\vec{\omega}_{R'/R})}{dt})_R \wedge \overrightarrow{O'M} + \vec{\omega}_{R'/R} \wedge \dfrac{d(\overrightarrow{O'M})}{dt})_R$

- $\dfrac{d(\vec{\omega}_{R'/R} \wedge \overrightarrow{O'M})}{dt})_R = \dfrac{d(\vec{\omega}_{R'/R})}{dt})_R \wedge \overrightarrow{O'M} + \vec{\omega}_{R'/R} \wedge ((\dfrac{d(\overrightarrow{O'M})}{dt})_{R'} + \vec{\omega}_{R'/R} \wedge \overrightarrow{O'M})$

  $\dfrac{d(\vec{\omega}_{R'/R} \wedge \overrightarrow{O'M})}{dt})_R = \dfrac{d(\vec{\omega}_{R'/R})}{dt})_R \wedge \overrightarrow{O'M} + \vec{\omega}_{R'/R} \wedge (\vec{V}_r(M))_{R'} + \vec{\omega}_{R'/R} \wedge \vec{\omega}_{R'/R} \wedge \overrightarrow{O'M}$

A expressão final para a aceleração é :

$$\vec{\gamma}(M)_R = \vec{\gamma}_r(M)_{R'} + \vec{\gamma}_{O'}(M)_R + 2\vec{\omega}_{R'/R} \wedge \vec{V}_r(M)_{R'} + \frac{d(\vec{\omega}_{R'/R})}{dt}\Big)_R \wedge \vec{O'M} + \vec{\omega}_{R'/R} \wedge \vec{\omega}_{R'/R} \wedge \vec{O'M}$$

$\vec{\gamma}_e(M')_R = \vec{\gamma}(M \equiv M')_R$ O método do ponto coincidente é utilizado para determinar a aceleração de condução M', que é um ponto fixo no quadro de referência.

$$\vec{\gamma}_e(M')_R = \vec{\gamma}_r(M')_{R'} + \vec{\gamma}_{O'}(M')_R + 2\vec{\omega}_{R'/R} \wedge \vec{V}_r(M')_{R'} + \frac{d(\vec{\omega}_{R'/R})}{dt}\Big)_R \wedge \vec{O'M'} + \vec{\omega}_{R'/R} \wedge \vec{\omega}_{R'/R} \wedge \vec{O'M'}$$

$$\vec{\gamma}_e(M')_R = \vec{\gamma}_{O'}(M')_R + \frac{d(\vec{\omega}_{R'/R})}{dt}\Big)_R \wedge \vec{O'M'} + \vec{\omega}_{R'/R} \wedge \vec{\omega}_{R'/R} \wedge \vec{O'M'}$$

$\vec{\gamma}_e(M)_R$ A aceleração motriz, , representa a aceleração do ponto M no referencial fixo se o ponto M estiver fixo no referencial móvel. $\vec{\gamma}_e(M)_R$ A

expressão é : $\vec{\gamma}_e(M)_R = \vec{\gamma}_{O'}(M)_R + \frac{d(\vec{\omega}_{R'/R})}{dt}\Big)_R \wedge \vec{O'M} + \vec{\omega}_{R'/R} \wedge \vec{\omega}_{R'/R} \wedge \vec{O'M}$

$\vec{\gamma}_c(M)_R$ A aceleração de Coriolis é $\vec{\gamma}_c(M)_R = 2\vec{\omega}_{R'/R} \wedge \vec{V}_r(M)_{R'}$

A aceleração do ponto M é a soma das acelerações relativa, de arrastamento e de Coriolis.

$$\vec{\gamma}_c(M)_R = \vec{\gamma}_r(M)_{R'} + \vec{\gamma}_e(M)_R + \vec{\gamma}_c(M)_R$$

$$\Rightarrow \begin{cases} \vec{\gamma}_r(M)_{R'} = \dfrac{d(\vec{V}_r(M)_{R'})}{dt}\Big)_{R'} \\[2mm] \vec{\gamma}_e(M)_R = \vec{\gamma}_{O'}(M)_R + \dfrac{d(\vec{\omega}_{R'/R})}{dt}\Big)_R \wedge \vec{O'M} + \vec{\omega}_{R'/R} \wedge \vec{\omega}_{R'/R} \wedge \vec{O'M} \\[2mm] \vec{\gamma}_c(M)_R = 2\vec{\omega}_{R'/R} \wedge \vec{V}_r(M)_{R'} \end{cases}$$

## 3. Forças de inércia :

$m\vec{\gamma}_r(M) = m\vec{\gamma}(M) - m\vec{\gamma}_e(M) - m\vec{\gamma}_c(M) = m\vec{\gamma}(M) + \vec{F}_{ie} + \vec{F}_{ic}$ A relação fundamental da dinâmica num referencial não-galileano é: . As acelerações de arrastamento e de Coriolis surgem como forças adicionais, mas não físicas, decorrentes do carácter não inercial de R', e são designadas por forças inerciais. Representam a ação do espaço de referência sobre o movimento da partícula. As expressões para estas forças são :

$$\overrightarrow{F_{ie}} = -m\overrightarrow{\gamma_e}(M) \quad \overrightarrow{F_{ic}} = -m\overrightarrow{\gamma_c}(M) \,.$$

## IV. Aplicações

### Aplicação 1:

Considere-se um ponto material M de massa m, suspenso de um fio inextensível de comprimento l. A outra extremidade O' do fio move-se horizontalmente ao longo de OX efectuando oscilações sinusoidais em torno de O de pequena amplitude X e pulsação $\Omega$ : $\overline{OO'} = x = X\sin(\Omega t)$. No instante t, nota-se $\theta$ a inclinação do fio em relação à vertical. Assume-se que $\theta$ permanece pequeno. O pêndulo está inicialmente em repouso na posição $\theta=0$.

1. Determinar os vectores posição, velocidade e aceleração em coordenadas polares

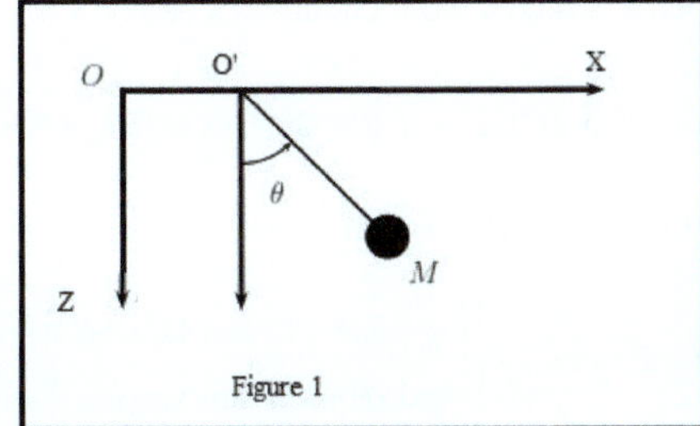


2. Quais são as forças que actuam sobre a massa? Dê as suas expressões

**3.** Aplicando o RFD no referencial R' (O', X', Y', Z') em translação rectilínea em relação ao referencial R (O, X, Y, Z), 4. determinar a equação diferencial do movimento.

*Resposta*

1. O vetor de posição é : $\overrightarrow{OM} = l\overrightarrow{u_r}$ ,

$\vec{v} = l\dot{\theta}\overrightarrow{u_r}$ O vetor de velocidade é ,

-O vetor de aceleração é $\vec{a} = l\ddot{\theta}\overrightarrow{u_\theta} - l\dot{\theta}^2\overrightarrow{u_r}$

**2.** R' é um referencial não galileano, as forças que actuam sobre a massa são :

-O poder do peso $\vec{P} = m\vec{g}$

-A força de tensão do fio

$\overrightarrow{F_{ie}} = -m\overrightarrow{a_e}$ $\overrightarrow{a_e}$ A força de inércia motriz , é a aceleração motriz

$$\overrightarrow{F_{ie}} = -m\frac{d^2\overrightarrow{OO'}}{dt^2} = mx\Omega^2\sin(\Omega t)\overrightarrow{e_x}\ (\frac{d(\overrightarrow{\omega}_{R'/R})}{dt})_R \wedge \overrightarrow{O'M} + \overrightarrow{\omega}_{R'/R} \wedge \overrightarrow{\omega}_{R'/R} \wedge \overrightarrow{O'M}) = \vec{0} \quad S \quad e$$

a velocidade angular for zero (sem rotação), este termo anula-se. Além disso, a força de Coriolis é zero porque não há movimento de rotação.

$(\overrightarrow{u_r}, \overrightarrow{u_\theta})$ Na base polar , as expressões das forças são :

$$\vec{P} = m\vec{g} = mg(\cos\theta\overrightarrow{u_r} - \sin\theta\overrightarrow{u_\theta})$$

$$\vec{T} = -T\overrightarrow{u_r}\ ,$$

$$\overrightarrow{F_{ie}} = mx\Omega^2\sin(\Omega t)\overrightarrow{e_x} = mx\Omega^2\sin(\Omega t)(\sin\theta\overrightarrow{u_r} + \cos\theta\overrightarrow{u_\theta}) \text{ porque } \overrightarrow{e_x} = \sin\theta\overrightarrow{u_r} + \cos\theta\overrightarrow{u_\theta}$$

**3.** Aplicando o RFD em R' :

$$\overrightarrow{F_{ie}} + \vec{T} + \vec{P} = m\vec{a} \rightarrow \begin{cases} mg\cos\theta - T = mx\Omega^2\sin(\Omega t)\sin\theta & (1)\ (\text{suivant } \overrightarrow{u_r}) \\ -g\sin\theta + x\Omega^2\sin(\Omega t)\cos\theta = l\ddot{\theta} & (2)(\text{suivant } \overrightarrow{u_\theta}) \end{cases}$$

**4.** Temos : $\quad \ddot{\theta} = -\frac{g}{l}\sin\theta + \frac{x}{l}\Omega^2\sin(\Omega t)\cos\theta \ \theta \ \cos\theta \approx 1 \ \sin\theta \approx \theta \ \Omega_0^2 = \frac{g}{l}$ (2), para

pequenos valores de , e , Colocamos , obtemos esta equação de segundo grau

com segundo membro : $\ddot{\theta} + \Omega_0^2\theta = \frac{x}{l}\Omega^2\sin(\Omega t)$

## <u>Aplicação 2:</u>

Num plano horizontal, considere um referencial galileano $R_1(O, X_1, Y_1, Z_1)$. Uma vara rectilínea $OZ$ gira em torno do eixo vertical $OZ_1 = OZ$ com uma velocidade angular $\omega$ para $t = 0$.

$OZ$ é o eixo do referencial $R(O, X, Y, Z)$ Sobre esta haste pode deslizar um anel, que pode ser considerado como um ponto material M de massa $m$ **(Figura 2)**. A barra exerce uma reação sobre M, notada $\vec{R}$ Coloquemos $(\widehat{OX_1, OX}) = \theta = \omega t$ e $OM = r(t) > 0$. M pode deslizar sem atrito ao longo da barra $OX$. M é libertado a $t = 0$ sem velocidade inicial $\theta = 0$ e $OM = r_0$ ($r_0$ diferente de zero).

$_1$**1)** Exprimir a velocidade de M em relação a $R$ e a velocidade de deslocação de $R$ em relação a $R$ .

$_1$**2)** Expresse a aceleração de M em relação a $R$, a aceleração *de* arrasto *de R* em relação a $R$ e a aceleração de Coriolis.

**3)** Exprimir na forma $(\vec{\imath}, \vec{\jmath}, \vec{k})$ todas as forças que actuam sobre M para um observador ligado ao referencial $R$.

**4)** Aplicar a relação fundamental da dinâmica a M em $R$ e deduzir que a equação diferencial do movimento se escreve como :

$$\frac{d^2 r(t)}{dt^2} - \omega^2 r(t) = 0$$

**5)** Determinar a equação horária $r(t)$e, em seguida, a equação polar $r(\theta)_1$d a trajetória de M em $R$ .

**6)** Determinar os componentes $R_y$ e $R_z$ da reação $\vec{R}$.

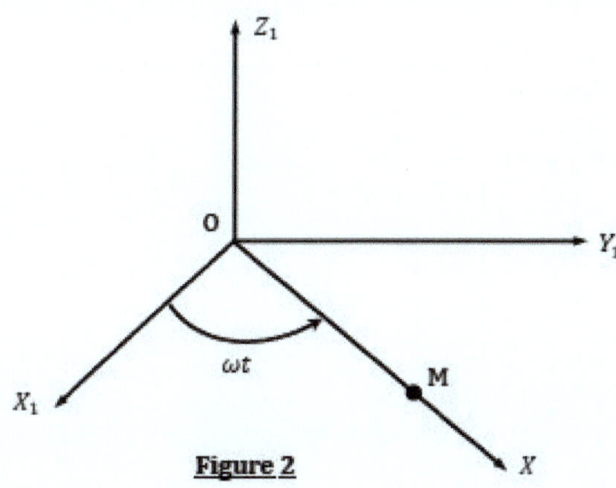


***Resposta:***

$\overrightarrow{OM} = r(t)\vec{\imath}\ \vec{V}_r = \dot{r}(t)\vec{\imath}$ **1.** , , $\vec{V}_e(M) = \overrightarrow{V_{O'/R}} + \vec{\omega}_{R'/R} \wedge \overrightarrow{O'M} = \omega r(t)\vec{\jmath}$

$\vec{\gamma}_r = \ddot{r}(t)\vec{i}$  $\vec{\gamma}_e = \vec{\omega}_{R'/R} \wedge (\vec{\omega}_{R'/R} \wedge \overrightarrow{O'M}) = -\omega^2 r(t)\vec{i} = -\omega^2 \overrightarrow{OM}$  **2.**       ,          ,

$\vec{\gamma}_c = 2\vec{\omega} \wedge \vec{V}_r(M) = 2\omega\dot{r}(t)\vec{j}$

**3.** $\vec{P} = m\vec{g} = -mg\vec{k}$ Peso

Reação do caule $\vec{R} = R_y\vec{j} + R_z\vec{k}$

Força de inércia do acionamento $\overrightarrow{F_{ie}} = -m\vec{\gamma}_e = m\omega^2 r(t)\vec{i}$

A força de inércia de Coriolis $\overrightarrow{F_{ic}} = -m\vec{\gamma}_c = -2m\omega\dot{r}(t)\vec{j}$

**4.** De acordo com o RFD : $\overrightarrow{F_{ie}} + \overrightarrow{F_{ic}} + \vec{P} + \vec{R} = m\vec{\gamma}_r$

$$\text{Projeção do eixo} \Rightarrow \begin{cases} m\omega^2 r = m\ddot{r} \\ -2m\omega\dot{r}(t) = R_y \\ mg = R_z \end{cases} \Rightarrow \begin{cases} \ddot{r}(t) - \omega^2 r(t) = 0 & (1) \\ -2m\omega\dot{r}(t) = R_y & (2) \\ mg = R_z & (3) \end{cases}$$

**5.** $r(t) = Ae^{\omega t} + Be^{-\omega t}$ As soluções gerais da equação (1) são da forma:

$$\begin{pmatrix} r(t=0) = r_0 \rightarrow r_0 = A + B \\ \dot{r}(t=0) = 0 \rightarrow A\omega = \omega B \end{pmatrix} \Rightarrow A = B = \frac{r_0}{2} \text{As} \qquad \text{condições} \qquad \text{iniciais}$$

$$\Rightarrow r(t) = \frac{r_0}{2}[e^{\omega t} + e^{-\omega t}]$$

6. $\begin{pmatrix} R_y = 2m\omega^2 r_0 \sinh(\omega t) \\ R_z = mg \end{pmatrix}$

# Referências


[1] M. LEBARS, P. Le GAL et S Le DISES. "Les marées en géo- et astrophysique". In : Images de la physique- CNRS (2008) (cf. p. 20, 126).

[2] Pierre LAUGINIE. "La pesée de la Terre". In : Pour la Science, Dossier hors-série "La gravitation" 38 (2003) (cf. p. 22).

[3] M. M. NIETO. "Actually, Eötvös did publish his results en 1910 it's just that no one knows about it..." In : Am. J. Phys. 57.5 (Mai 1989) (cf. p. 32).

[4] J. BERTRAND. "Mécanique analytique". In : C.R. Acad. Sci. Paris 77 (1873), p. 849-853 (cf. p. 83).

[5] JC RIES et al. "Progress in the determination of the gravitational coefficient of the Earth". In : Geophysical research letters 19.6 (1992), p. 529-531 (cf. p. 86).

[6] H. KRIVINE. La Terre, des mythes au savoir. Cassini, 2011.

[7] A QUEDRAOGO et G CHANUSSOT. "Généralisation de la méthode de calcul de l'énergie d'un satellite : cas hyperbolique et parabolique". In : BUP 764 (Mai 1994).

[8] Luc VALENTIN. L'univers mécanique: introduction à la physique et à ses méthodes. Hermann, 1983.

[9] Ascher H SHAPIRO. "Bath-tub vortex". In : Nature 196 (1962), p. 1080-1081 (cf. p. 132).

[10] A MARILLIER. "L'expérience du pendule de Foucault au Palais de la découverte". In : Revue du palais de la découverte 26.258 (Mai 1998) (cf. p. 133).

[11] Claudio G CARVALHAES et Patrick SUPPES. "Approximations for the period of the simple pendulum based on the arithmetic-geometric mean". In: American Journal of Physics 76.12 (2008), p. 1150-1154 (cf. p. 157).

More
Books!

info@omniscriptum.com
www.omniscriptum.com
OMNIScriptum